과학기술문화

소통의 역사와 실천

런던에서 서울까지

From London To Seoul

조숙경 저

북스힐

* PREFACE

머리말

'논문 한 편에 젊음을 바쳤다고 한다면 과장이라 하겠지만 적어도 나의 경우는 그랬다…' 거의 10년 만에 졸업한 서울대학교 박사학위 논문에 실린 감사의 글 일부다. 글의 마지막에는 사료 속에서 숨 쉬는 진정한 과학사학자의 길을 걷겠다는 꽤 굳센 다짐까지도 들어 있다. 그로부터 10년이 훌쩍 지났다. 그런데 지금 저자는 그 때 가고자 했던 길과 상당히 다른 길 위에 서 있다. 오늘이라는 시간에 새롭게 출현하기를 고대하는 사료들 속에 있는 것이 아니라 오늘이라는 시간을 살아내기 위해 발버둥치는 사람들 속에 있는 것이다. 과학과 사회, 과학기술인과 일반 시민 사이의 중간 쯤 어딘가에서 과학기술문화와 연관된 새로운 사업을 기획하고 또 실행에 옮기고 있다. 어떻게 하면 우리 사회가 과학을 통해 보다 창의적이고 보다 합리적으로 변화될 수 있으며, 또 어떻게 하면 우리의 미래가 지속 가능할 것인가를 고민하고 있는 것이다. 아마 인생이라는 것이 마음먹은 대로 되는 것이라면, 사실상 이 책이 세상에 나오는 것도 그리 쉽지는 않았을 것이다.

이 책은 지난 20년 이상 저자가 과학기술문화의 최첨단에서 치열하게 연구하고, 열정적으로 실천해 온 경험을 한데 모아놓은 것이다. 런던과학박물관의 지하 아카이브를 뒤져 찾아낸 사료들을 토대로 연구해 온 박사학위 논문의 주요 내용에서부터 가장 최근의 한·중·일

과학문화 심포지아의 기획과 추진에 이르기 까지 이 책은 국내 최초로 과학기술문화와 관련된 이론과 그 실행을 함께 다루고 있다는 것이 특징이다. 이 책은 또한 19세기 과학사에서 거의 다루어지지 않던 과학과 대중의 다양한 연결 경로들을 보여줌으로써, 과학 대중화를 19세기 과학의 중요한 특징 중 하나로 기술하고 있다. 나아가 이 책은 세계의 유명한 과학기술박물관을 전시물이나 프로그램 위주로 소개하는 기존의 저서들과 달리 과학박물관의 역사로부터 그 근간이 되는 개념의 진화 및 기능까지 아우르고 있다.

Ⅰ부 '과학, 공간에서 만나다'에서는 역사상 처음으로 과학을 대규모 대중에게 보여주었던 공간으로 영국 런던에서 열렸던 1851년 그레이트 엑스포와 1876년 과학기구특별대여전시회를 소개할 것이다. 나아가 이러한 과학공간들을 만들어냄으로써 자신들의 존재를 표현했던 X-클럽 과학자들의 의도와 함께 오늘날 과학을 보여주는 대표적인 공간으로 자리매김한 세계의 대표적인 과학박물관과 과학센터도 소개할 것이다. Ⅱ부 '과학, 실행으로 보이다'에서는 한국에서 사용되는 과학기술문화의 이론적 의미를 분석할 것이다. 이어 과학문화실행의 대표적인 사례들을 통해 과학기술문화는 그 실천적 경험과 함께 정의되어야한다는 것과 과학문화의 패러다임이 과학 대중화(SP)에서 과학기술과 사회(STS) 그리고 사회 속의 과학(SiS)으로 변화되어왔음을 설명할 것이다.

우리나라는 일인당 국민소득 2만 달러를 넘어섰다. 모든 것을 휩쓸어 간 한국전쟁의 폐허 속에서 놀라운 '한강의 기적'을 일구어 냈던 경험을 토대로 진정한 선진국의 문 앞에 서 있는 것이다. 전 세계에서 유일하게 원조를 받던 국가에서 원조를 주는 국가로 성장한 대한민국의 성장 배경에는 무엇보다 과학기술에 대한 연구 개발과 그것을 담당하던 우수한 인력이 있었다. 하지만 2000년대 들어 우리나라는 우수한 인재의 '이공계 기피'라는 심각한 사회적 문제에 직면하게 되었으며 과학기술계도 그 활력을 크게 잃어버렸다. 사실상 이 책의 Ⅱ부에서 소개되는 사이언스코리아 등 대표적인 과학문화 사업들은 이러한 사회적 문제를 해결하기 위해 기획된 것으로 과학기술의 중요성을 널리 알리고 보다 많은 미래 인재를 키워냄으로써 한국사회의 선진화를 도모하기 위함이었다. 또한 어릴 적부터 과학을 중요한 사회문화의 자원으로 배우고 향유케 함으로써 우리 사회의 창의성(creativity)을 확대하고 기후 변화, 에너지, 물, 식량, 질병 등의 글로벌 이슈가 야기하는 위험으로부터 자신감(confidence)을 회복하며 미래 지구의 지속가능성(sustainability)을 확보하기 위한 것이었다. 과학기술문화는 결국 과학을 위한 문화이면서 동시에 문화를 위한 과학이기에 그 확산을 위해서는 필립 모리슨의 분석처럼 대중의 참여(participation)와 대중들의 경험(experience)이 매우 중요하다.

이 책이 나오기까지 정말로 주변 사람들의 많은 도움과 격려가 필요했다. 먼저 과학문화를 이론적 · 학술적으로 연구할 수 있도록 오랜 시간 지켜보아주시고 또 따뜻하게 지도해주신 은사 서울대 김영식 교수님께 깊이 감사드린다. 또한, 폭넓은 분야에 대한 관심으로 지적 자극을 주신 POSTECH의 임경순 교수님과 유머 섞인 대화 중 날카로운 코멘트를 해주었던 KAIST 김동원 교수님께도 감사드린다. 아울러 필자에게 과학문화의 깊이와 비전을 고민하게 해주셨던 한국과학문화재단의 최영환 이사장님과 나도선 이사장님 그리고 한국과학창의재단의 정윤 이사장님께 감사드린다. 그리고 책을 쓰고 싶다는 저자의 바람을 선뜻 받아주신 북스힐 사장님께 깊이 감사드린다. 마지막으로 엄마가 공부하고 일하는 동안 어느덧 근사하고 멋진 청년들로 성장하여 한없는 용기와 기쁨을 주는 인섭이와 현섭이, 그리고 젊은 시절의 이상을 품고 살 수 있게 도와준 남편 송진웅 서울대 교수에게 깊은 감사를 보낸다.

그리고 이 책은 그동안 필자가 국내에서 발표했거나 기고했던 글을 일부 활용하였음을 말해두기로 한다.

2012년 6월 저자

* CONTENTS

차 례

제1부

과학기술, 공간에서 만나다

01

빅토리아 시대 과학기술대중화

| X-클럽과학자

빅토리아 중기, 여가 문화와 기초 교육이 시작되다

빅토리아 여왕의 즉위와 함께 시작된 영국 빅토리아 시대는 그 어느 때보다 많은 개혁과 변화가 이루어진 시기였다. 공장 노동자들이 더 많은 임금을 요구하면서 폭력적인 시위를 벌이기도 했지만, 선거법 개혁으로 수만 명의 새로운 유권자가 탄생했다. 이제껏 *자유방임주의(Laisser Faire)*를 고수해오던 영국 정부가 처음으로 노동 대중의 건강을 생각하게 되었으며, 노동자들의 열악한 노동 여건을 개선하려는 노력도 기울이기 시작했다. 이 시기는 또한 대영제국이 캐나다에서 뉴질랜드에 이르기까지 지구 전체 영토의 1/5에 달하는 *팍스 브리타니카(Pax Britanica)*를 건설했으며, 식민지 국가들과의 독점적인 무역 덕분에 엄청난 부를 획득하기도 했다. 그 결과 노동자 계층의 일반적인 생활 수준이 이전 시기에 비해 월등히 향상되었다.

특히, 빅토리아 시대 중기에는(1840년대 후반부터 1870년대까지) 정치에서의 상대적 안정과 함께 경제적 번영이 지속되던 시기였다. 아사 브릭스는 1851년 이후부터는 노동 임금의 상승과 영국 의회에 대한 자부심 그리고 자유에 대한 믿음이 확산되면서 격렬했던 차티스트 운동도 주춤해졌다고 평가했다. 아직 미국이나 독일과 같은 2차 산업국들의 추격도 심하지 않았으며, 잉글랜드를 중심으로 스코틀랜드와 웨일즈 그리고 아일랜드가 하나의 통일된 영국임을 의심하지도 않던 시기라는 것이다. 당시 영국은 민족과 지역, 종교와 언어 그리고 음식과 기후 등이 뚜렷이 달랐음에도 불구하고 사회의 조화로움에 대한 믿음이 유지되고 있었던 것이다. 또한 1870년대에는 10세 이하의 어린이 노동이 법적으로 금지되었고, 여성이 자신이 벌어들인 수입을 남편에게 요구할 수 있을 정도로 여성의 권리도 신장되고 있었다.

그렇지만 노동 대중의 삶과 관련하여 이 시기에 일어났던 가장 커다란 변화는 새로운 여가 문화의 출현과 기초 교육의 확대라 할 수 있다. 20세기 중반까지 너무나 오랫동안 유지된 탓에 결국 영국의 쇠퇴를 가져왔던 *자유방임주의*는 적어도 19세기까지는 노동자들에게 높은 임금을 보장해주었다. 여기에 노동시간의 단축, 무노동의 일요일과 토요일 절반 확보, 노동 공간과 주거 공간의 분리 등으로 노동 대중은 역사상 처음으로 남는 시간을 갖게 되었다. 남는 시간 즉 여가 시간은 점차 같은 일터의 동료나 가족과 함께 어울리는 시간이 되어 상호협동조합, 선술집의 밴드 모임, 직능별 동호회, 종교 분파 모임 등 다양한 형태의 회합 문화가 속속 등장 했다. 일요일이면 노동자 계층은 서둘러 세탁소에서 깨끗한 양복을 빌려 입고 교회에 가거나 다양한 놀잇거리를 찾아 나섰다. 노동 대중에게 '여가'는 '노동'과 마찬가지로 중요한 삶의 요소로 자리 잡았으며, 여가 문화는 곧 빅토리아 시대의 전형이 되었다.

빅토리아 시대에는 모든 형태의 교육도 *자유방임주의* 원리에 맡겨졌다. 귀족 및 부유한 상류층은 가정교사를 고용하거나 이튼, 해로우, 럭비와 같은 전통 사립학교에서 자녀를 양육했다. 그렇지만 노동 대중의 자녀에게는 그 어떤 교육도 제대로 제공되지 못했다. 특히, 지배계층은 19세기 전반기까지도 노동 대중을 교육시키는 일이 정치적 전복의 위험성이 있다고 생각했기 때문에 교육에 대해 매우 미온적이었다. 일부 자선위원회나 종교 단체가 일요일에 일요학교를 개설하여 노동 대중의 자녀에게 기초 교육을 제공했지만 이는 극히 제한적이었을 뿐만 아니라 매우 열악했다. 좁은 교실은 너무 많은 학생들로 붐볐고, 교육 내용은 주로 성경을 통해 고단한 삶을 견디라는 사회통제적 메시지를 전달하는 것이었다.

이러한 때에 명문 사립 럭비학교를 졸업한 토마스 휴가 『톰 브라운의 학교시절』이라는 책을 출간했다. 그의 책은 폭발적인 인기를 모으면서 폭넓은 계층에게 학교 생활에 대한 동경과 신화를 심어주었다. 이와 나란하게 19세기 전반에 주로 스코틀랜드 지역에서 시작되었던 '숙련노동자학교운동(Mechanics Institutes' Movement)'이 전국으로 확산되면서 기초 교육에 대한 성인들의 수요와 열망을 창출했다. 그 결과 1872년에는 최초의 교육법인 일명 포스터 법안이 통과되었고, 런던과 지방에 학교 교육을 담당하는 학교위원회들이 속속 출현했다. 대략 19세기 후반부터는 만 5세부터 10세까지의 어린이가 읽기, 쓰기 및 산술에 관한 이른바 3R 교육을 받을 수 있게 되었고, 1885년에는 전체 어린이의 75%가 기초 교육을 받을 수 있게 되었다.

물리학, 생물학 등 과학 제 분야의 발전과 과학의 전문화

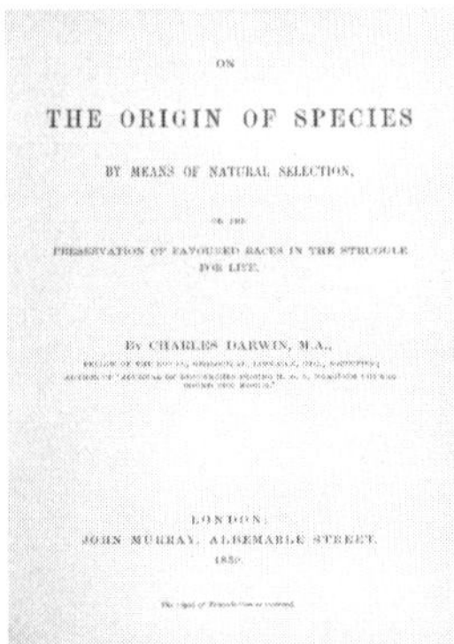
ON

THE ORIGIN OF SPECIES

BY MEANS OF NATURAL SELECTION,

OR THE

PRESERVATION OF FAVOURED RACES IN THE STRUGGLE FOR LIFE.

BY CHARLES DARWIN, M.A.,

LONDON:
JOHN MURRAY, ALBEMARLE STREET.
1859.

다윈의 『종의 기원』 표지

과학과 관련해서도 빅토리아 시대 중기에는 매우 중요한 변화가 일어났다. 여러 분야에서 새로운 발견이 이루어졌을 뿐만 아니라 서로 다르다고 여겨졌던 분야들이 통합되면서 오늘날 우리가 알고 있는 물리학, 생물학, 지구과학이라는 과학의 제 분야들이 탄생했다. 1859년에 찰스 다윈이 출간한 『자연 선택에 의한 종의 기원 혹은 생존 투쟁에서 우세한 종족의 보존』은 찰스 라이엘의 지질학 연구에 뒤따른 것으로 이 시대가 곧 생물학에서의 급진적인 변혁기임을 말해주고 있다.

다윈의 진화론은 출간과 동시에 빅토리아 사회에 커다란 반향을 불러 일으켰다. 인간이 어쩌면 원숭이 조상으로부터 진화했을 수도 있다는 함의를 갖던 그의 진화론은 자연세계 속 인간의 독특하고 유일한 지위를 제거해버렸던 것이다. 1860년에 열렸던 영국과학진흥협회의 옥스포드 모임에서는 다윈의 불독이라는 별명으로 유명한 생물학자 토마스 헉슬리와 주교 윌버포스 사이에 한바탕 논쟁이 벌어졌다. 이 사건은 이후 과학과 기독교가 적대 관계라는 신화의 또 다른 기원이 되었다. 이제 전통적인 자연 신학 속에서 신의 자애로움을 보여주는 생생한 증거로 여겨졌던 자연(nature)은 무모한 생존 투쟁의 현장으로 변모되어 버렸다. 이 너무나도 거칠고 받아들이기 힘든 다윈의 자연관은 이후 사회다윈주의 창시자로 불리는 허버트 스펜서를 통해서 사회 전반으로 널리 확산되어갔다.

다윈을 원숭이의 조상으로 조롱한 그림

이 시기는 또한 물리학의 시대이기도 했다. 특히, 자연 현상에 공통적으로 내재하는 '에너지'라는 개념을 중심으로 새로운 통합이 이루어졌다. 서로 다르다고 생각되었던 열과 일 그리고 전기와 자기가 하나의 법칙으로 표현될 수 있게 된 것이다. 스코틀랜드의 기구제작자였던 제임스 와트와 사업가 매튜 볼튼이 증기 엔진의 실용화에 성공하면서 열에 대한 보다 제계적인 탐구가 이루어졌고, 프랑스인 카르노가 열과 역학적 일과의 관계에 주목하면서 결국 열의 동역학이라는 분야가 탄생되었다. 이어 줄은 전지의 소모량과 전동기가 한 일의 양을 측정하는 실험을 통해 열의 일당량 값을 얻어냈으며, 켈빈 경은 에너지에 방향성을 부여하는 엔트로피 법칙인 열역학 제2법칙을 발견했다.

한편, 정규 학교 교육을 한 번도 받아보지 못한 마이클 패러데이는 왕립연구소에서 전기화학 실험과 강연을 수행하다가 1831년에 전자기 유도라는 새로운 현상을 발견했다. 그는 곧 이 현상을 '장(field)'이라는 아주 새롭고도 독창적인 개념으로 설명했는데, 그가 그럴 수 있었던 것은 옥스브리지 대학교에서의 형식적이고 수학적인 대학 교육을 받지 않았기 때문이었다. 반면에 당대의 체계적인 대학 교육을 순차적으로 잘 받은 과학자 제임스 클럭 맥스웰은 대학에서의 수학 교육을 토대로 전자기장이라는 개념을 수학적으로 표현했다. 그 결과로 탄생한 것이 바로 전자기학의 기초 방정식인 맥스웰 방정식이다. 이렇게 탄생된 고전전자기학은 곧 해저케이블, 전보, 전화 그리고 전등을 가능하게 했으며, 특히 미국이라는 신대륙에서 기술자 토마스 에디슨과 만나 그 엄청난 응용력을 거침없이 발휘하게 되었다.

빅토리아 중기에는 비단 물리학, 생물학 분야 등에서 새로운 지식의 습득과 팽창이 일어났을 뿐만 아니라 과학이 실행되는 방식에서도 커다란 변화가 있었다. 이른바 '과학의 제도화' 혹은 '과학의 조직화'를 위한 주장과 움직임이 끊임없이 제기되면서, 서서히 그 열매를 맺고 있었다. 켈빈 경이 한두 명의 학생을 조수로 고용했던 창고 실험실은 글래스고 대학교의 물리학 실험실로 진화했으며, 옥스퍼드와 케임브리지 대학교에는 '자연 과학 우등시험(Natural Sciences Tripos)'이 도입되었다. '자연 과학 우등시험'을 계기로 과학 교육과 과학 연구를 위한 실험 물리학 연구소가 출현하게 되었으며, 1868년에는 옥스퍼드 대학교에 클라렌든 연구소가, 1874년에는 케임브리지 대학교에 캐번디시 연구소가 각각 설립되었다.

런던에는 이른바 레드 브릭스(Red Bricks)[1] 대학교가 새로 설립되었

1) 미국의 유명 사립대학교 건물에 담쟁이 넝쿨(아이비)이 있다고 하여 아이비리그로 부르듯이, 영국에 19세기에 새워진 신설 대학교가 붉은 벽돌로 지어졌다고 하여

다. 아이러니하게도 거대한 도시 런던에는 19세기 전반기까지 정규 대학교가 없었다. 대신 12, 13세기에 설립된 옥스퍼드 대학교와 케임브리지 대학교가 지배계층의 고등교육을 전담해 왔으며 18세기부터는 스코틀랜드에 설립된 에딘버러 대학교와 글래스고 대학교가 과학기술 교육을 일부 담당했다. 런던에 최초로 설립된 대학교는 1826년에 설립되어 문을 연 유니버시티 칼리지로, 이곳은 종교와 무관하게 모든 사람들에게 개방되었으며 남녀가 동등하게 입학할 수 있는 최초의 시민대학이었다. 1836년에는 이에 맞서 영국 국교도들만을 위한 킹스 칼리지가 설립되었고, 이들 대학들은 전통대학과 달리 과학 및 기술 교육을 중요시했다.

과학이 대학의 교과목으로 정착되거나 실험실에서 교육되는 이른바 과학의 제도화 과정과 함께 19세기에는 과학 각 분야가 각각의 학회와 모임을 조직했다. 린네학회를 비롯하여 왕립천문학회와 동물학회, 왕립식물학회와 화학회 그리고 물리학회가 정비되거나 새로 조직되었으며, 학회를 중심으로 활동하면서 과학자들은 전문가로서 사회적

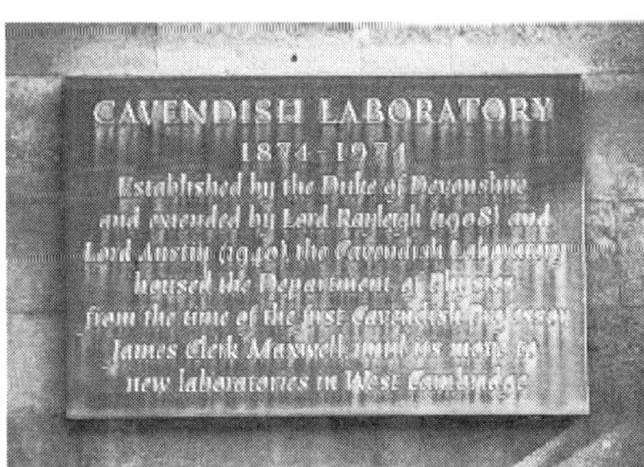

케임브리지 대학교의 캐번디시 연구소 현판

레드 브릭스라는 별명이 붙었다.

인정을 얻게 되었다. 물론 이러한 일은 단 시일 내에 순조롭게 진행되지는 않았지만, 19세기가 끝날 무렵이 되자 과학은 대학과 각 급 학교, 각종 학회와 실험실 및 연구실 등에서 상당히 제도화되고 또 전문화되었다.

과학과 노동 대중의 만남: 과학 대중화의 시작

과학의 제도화 못지않게 중요한 변화로 꼽을 수 있는 것은 바로 과학의 대중화다. 과학적 지식의 급격한 팽창 및 심화로 과학은 이제 전문가들만이 참여하는 어려운 작업이 되었으며 과학이 어려워지자 그것을 쉽게 가공하여 일반 대중에게 전달하려는 노력도 함께 일어났다. 이제까지 거의 연구되거나 강하게 주장되지는 않았지만 사실상 빅토리아 시대 중기는 이른바 과학 대중화를 위한 많은 시도와 성과들이 나타난 시기다. 생물학, 지질학, 물리학, 지구과학 등 다양한 분야에서 새롭게 생산되는 과학 지식과 정보는 다양한 형태의 강연, 쇼, 신문, 잡지, 전시회 등을 통해 그 어느 때보다도 많은 대중과 만나게 되었다. 18세기부터 소규모로 개최되던 과학강연은 중기에 이르러 매우 적극적으로 그리고 대규모로 과학과 대중을 연결했다. 뿐만 아니라 이 시기의 과학의 대중화는 일반적으로 결핍 모형이라 부르는 형태로 진행된 것이 아니라 과학 계몽가 혹은 과학자 커뮤니티와 노동 대중의 적극적인 수요에 따른 것이었고, 과학 대중화는 과학자 커뮤니티 혹은 계몽가들의 의도와 노동 대중의 의지가 만나는 접점에서 이루어졌다.

과학이 제일 먼저 노동 대중과 만난 것은 과학강연이며, 산업혁명 이후에는 각종 과학 단체나 문학 · 철학회와 같은 소규모 모임을 통해

서였다. 대표적으로 버밍엄 지역에 거주하는 과학자, 산업가들이 매월 보름달이 뜨는 저녁에 모임을 갖고 지역의 이슈를 논했던 버밍엄 루나 소사이어티(Birmingham Lunar Society)가 있다. 이러한 소규모 모임은 영국의 거의 모든 산업 도시에 생겨났으며, 주된 목적은 과학자들과 지역 산업가들을 인적으로 연결함으로써 과학적 지식을 산업에 응용하는 것이었다. 여기에서 나아가 한꺼번에 많은 사람이 과학 강연을 듣게 된 것은 글래스고 대학교의 조지 벅벡의 노력 덕분이었다. 스스로 물리학 실험실을 운영하던 그는 노동자들이 의외로 과학에 많은 관심을 가지고 있음을 알게 되었다. 그가 개설한 무료 과학 강좌는 한 달이 지나지 않아 500명 이상의 노동자들을 모을 정도로 큰 성공을 거두었다.

런던으로 내려온 벅벡은 뜻이 맞는 동료들과 함께 다양한 분야의 과학 원리와 유용한 지식을 가르치자는 목표로 런던숙련노동자학교를 열게 되었다. 수학, 화학, 정수역학, 응용화학, 천문학, 전기학 등의 자연철학 분야를 많이 포함하는 상대적으로 발전된 교과과정을 채택했던 이곳은 일반 강의실 외에 실용수학 강좌를 위한 작업실과 실험실, 각종 기계 모델을 구비한 박물관과 커다란 원형 강의실도 갖추었다. 런던에 이어 1825년부터 1850년대까지 잉글랜드와 웨일즈에는 대략 610개의 학교가 생겨났고, 약 50만 명에 이르는 엄청난 규모의 학생과 노동자들이 과학 및 기술 교육을 받게 되었다.

1820년대부터 등장한 값싼 신문과 서적 및 각종 대중잡지는 과학과 대중을 연결하던 또 하나의 적극적인 경로였다. 영국의 경우에는 가히 인쇄매체의 시대라 일컬을 정도로 많은 신문이 등장했는데, 1851년에 563개이던 신문은 불과 15년 만에 1,294개로 두 배 이상 확대되었다. 또한 아주 저렴한 과학 잡지들도 속속 창간되었는데, 특히 과학을 통

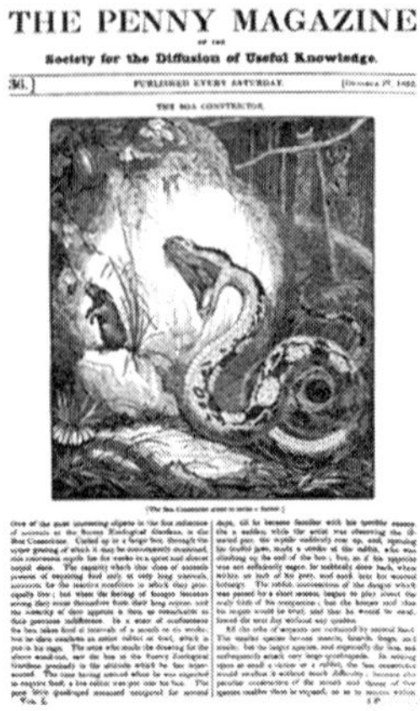
THE PENNY MAGAZINE

OF THE

Society for the Diffusion of Useful Knowledge.

PUBLISHED EVERY SATURDAY.

THE BOA CONSTRICTOR.

잡지「페니 매거진」 표지

한 사회개혁을 시도하였던 헨리 브로엄은 1페니짜리 「페니 매거진」을 발간했다. 과학 소설 역시 대단한 인기를 끌어서, 1806년에 영국에서 출간된 마르세 여사의 『화학에 관한 대화』는 이후 40년 동안 16판이나 출간되었으며 미국에서만도 15만부가 팔렸을 정도로 대단한 인기를 누렸다.

19세기 후반에 접어들면서 과학은 보다 체계화된 경로를 통해서 보다 지속적으로 대중과 만날 수 있게 되었다. 이러한 일이 가능할 수 있었던 것은 1851년 세계 최초의 엑스포와 특히 물리과학의 경우에는 1876년에 개최되었던 과학기구특별대여전시회 때문이었다. 런던의 하이드파크에서 개최되었던 과학산업박람회인 런던 그레이트 엑스포는 *자유방임주의*를 고수하던 영국 정부로 하여금 과학 및 기술 교육의 중요성을 인식하고, 그것의 실현을 위해 공개적인 노력을 경주하도록 만들었다. 또한 특별대여전시회는 런던과학박물관이 오늘날과 같이 물리과학을 대표하는 세계적인 과학박물관으로서의 정체성을 확보할 수 있게끔 주요 소장품을 모으고 나아가 과학박물관이 대중을 위한 과학 교육과 문화의 장으로 기능할 수 있음을 체계적으로 보여주었다.

과학 대중화의 주체: 노동 대중과 X-클럽 과학자

빅토리아 중기의 과학 대중화라는 역사적인 현상을 야기한 주체는 누구이고 어떻게 일어났는가? 우선 과학의 대중화 과정에서 숙련노동자학교를 처음 시작한 벅벡이나 「페니매거진」의 브록엄과 같은 계몽가들이 있었는데, 이들은 과학을 통한 사회개혁과 특히 노동자 계층에게 유용한 지식을 확산하는 것에 관심을 두었다. 하지만 이들의 기획과 노력만으로는 부족했고 무언가 더 적극적인 주체가 있어야 했다. 이는 다음 장에서 논의하게 될 1851년 런던 그레이트 엑스포나 그로부터 20년 후에 개최되는 과학기구특별대여전시회를 주도한 사람들과 연관이 깊다. 동시에 이들 두 전시회에 보여준 노동 대중의 폭발적 호응도 중요했다.

사실상 1824년에 13개였던 숙련노동자학교는 불과 2년 만에 100개로 확대될 정도로 엄청난 성공을 거두며 노동 대중에게 확산되었다. 그렇다면 왜 노동자 계층은 과학 및 기술교육에 대해 열망했는가?

당시 유행처럼 설립되었던 숙련노동자학교나 다양한 형태의 과학강연은 그 설립 주체들의 의도만큼이나 설립 목적이 다양했다. 공장주들에게 학교는 기초교육을 받은 보다 능력 있는 노동자를 제공해주는 장치였고, 정치가에게 학교는 잠재적 위험의 대중을 효율적으로 통치할 수 있는 수단이었으며, 신학자들에게 학교는 노동자들의 힘든 삶을 위로해 줄 수 있는 공간이었다. 이와 마찬가지로 수강료를 직접 지불하고 강의를 듣는 노동 계층 학생들의 의도도 매우 다양했다. 하지만 분명한 것은 많은 학생들에게 과학과 기술이 정신을 자유롭게 하고 삶을 향상시켜주는 진보의 메시지로 인식되었다는 것이다. 특히, 다음 장에서 언급할 것처럼 런던 그레이트 엑스포를 보기 위해 전국에서 몰려든 많은 노동 대중들은 19세기가 과학을 새로운 문화자원으로 적극 받아들이고 있었음을 잘 보여주고 있다.

노동 대중의 수요와 열망만큼이나 과학을 대중적 자원으로 확산시키려는 사람들도 다양했다. 앞서 언급한 과학계몽가들뿐만 아니라 수많은 과학자들이 과학 대중화를 위해 나섰는데, 이들은 대략 두 개의 공식적인 과학단체와 두 개의 비공식적인 네트워크로 연결되었다. 공식적이고 제도화된 과학단체로는 런던 중심의 전통적인 왕립학회와 전국을 순회하면서 지방의 과학 활동을 장려하던 영국과학진흥협회가 있었다.2) 그러나 1860년대 이후 이들 두 학회는 회원 과학자나 활동 영역에서 별다른 차이가 없어서 과학대중화를 이끈 핵심 인물을 밝혀내기란 쉽지 않다. 예를 들어, 1873년부터 1885년까지 왕립학회의 회장을 역임하였던 죠셉 후커, 헉슬리, 존 틴달, 윌리엄 스포티스우드 그리고 윌리엄 러복은 1868년부터 1881년까지 영국과학진흥협회 회장직도 맡고 있었다. 또한 1876년 특별대여전시회 기획과 실행에 참여한 과학자들 대부분은 두 단체의 중복 회원이었다.

이들보다 공식적이지는 않지만 보다 강력하게 작동한 과학자들의 네트워크로는 헉슬리 중심의 X-클럽과 스톡스 중심의 편지 네트워크가 있었다. 1864년 11월 어느 날 런던 시내의 한 식당에는 저녁을 먹기 위해 당대의 유명한 과학자 8명이 모여들었다. 이들은 이미 절친한 친분을 유지해오던 헉슬리, 후커, 프랭클랜드, 틴달, 러복, 허스트, 버스크 그리고 스펜서로 모두 왕립학회의 상임위원을 맡고 있었다. 이들은 나중에 스포티스우드가 합류하여 모두 9명으로 구성된 이 비공식적 모임을 X-클럽이라 불렀는데, 그 이유는 아직 10번째 회원이 정해지지 않았기 때문이기도 하고, 논의할 아젠다를 미리 정해놓지 않

2) 영국왕립학회는 세계 최초의 과학자 단체로 1660년에 조직되었다. 1831년에 조직된 영국과학진흥협회는 2009년 영국과학협회(BSA: British Science Association)로 이름을 변경하였다. 대표적인 사업으로는 영국 최대의 과학축전인 영국 사이언스 페스티벌과 영국에서 가장 큰 규모의 과학 커뮤니케이션 컨퍼런스 사업, 과학과 공학 주간 사업이 있다.

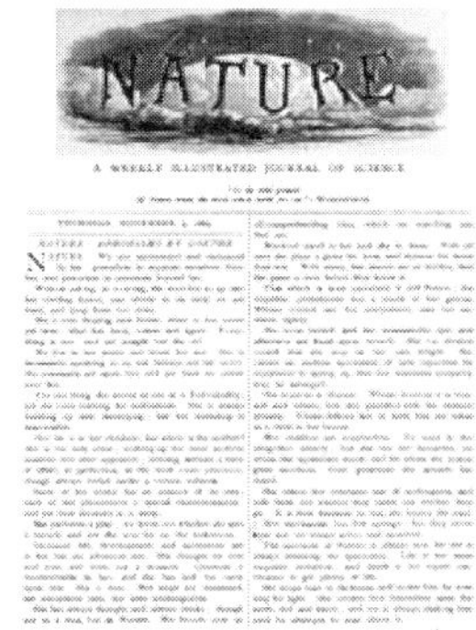

첫 발행된 「네이처」 지 표지

고 만났기 때문이기도 했다.

이들 X-클럽 과학자들은 자유주의적이면서도 진보적인 성향을 갖고 있었으며 사실상 영국과학진흥협회를 통해 서로를 알게 되었고 매달 1회 저녁식사 모임을 통해 친분을 쌓아갔다. 대표 과학자인 헉슬리가 모임을 추진한 이유는 1859년 다윈의 진화론 출간 이후에 불거진 과학과 종교 간의 갈등을 완화하기 위함이었다. 하지만 점차 자연주의와 자연사를 널리 확산하는 일을 담당했으며 특히 1876년 과학기구특별대여전시회를 통해 새롭게 출현한 생물학이 물리과학의 한 분야임을 널리 알리고자 했다. 이러한 의도는 오늘날 세계적 명성을 얻고 있는 과학저널 「네이처*(Nature, A weekly Illustrated Journal of Science)*」 창간을 통해 구체화되었다. X-클럽은 1893년까지 모임을 계속 이어가면서 영국에서의 과학과 관련한 최첨단 현안들을 논의하였고 사실상 19세기 영국의 과학과 과학교육의 지형을 크게 변혁시켜 나갔다.

X-클럽 과학자들은 대부분 독학으로 과학을 접했다는 공통점을 갖고 있다. 이들은 또한 나중에 합류한 스포티스우드를 제외하고는 그 어느 누구도 옥스브리지 대학을 다니지 않았다. 대신 틴달과 프랭클랜드는 독일에서 박사학위를 받았고, 허스트는 독일과 프랑스에서 수학했다. 이러한 배경은 마치 대학에서 형식화된 수학교육을 받지 않았던 패러데이가 '장'이라는 새롭고 혁신적인 개념을 제안할 수 있었던 것처럼 이들이 기존의 과학종사자들과는 완전히 다른 시각을 갖게 해주었다. 전통적인 옥스브리지에서 교육을 받고 런던을 중심으로 활동하면서 주로 대학에 있던 교수들, 즉 당시 과학의 중심부에 있던 사람들

과 완전히 다른 시각을 갖게 만들었다. 이들은 사실상 교육과 과학의 주변부에 있었기 때문에 당시의 영국 과학에 대해 거침없는 개혁을 주장할 수 있었고, 그를 통해 결과적으로 중심부로 진출해 나갔다.

X-클럽 과학자들은 빅토리아 시대의 전형인 아마추어 과학자들과도 달랐다. 맥클라우드는 그들을 수학 및 자연과학 분야에서 전문적으로 과학 연구를 수행하는 제1세대 '과학연구자'라고 명명했다. 즉, 그들은 다른 일에 종사하면서 지적인 취미활동으로 과학을 행했던 것이 아니라 과학연구와 교육활동을 직업으로 삼던 전문과학자들이었던 것이다. 또한 이들은 전문가 그룹으로서의 과학자가 교육과 연구를 계속할 수 있도록 국가가 지원해줄 것을 강력하게 요구하기도 했다.

이들은 또 자신들의 요구를 관철시키기 위해 주요 과학단체장 및 과학 관련 위원회에 적극 참여하여 활동했다는 공통점도 갖고 있다. X-클럽의 리더과학자인 헉슬리는 데본셔 조사위원회는 물론 아일랜드 왕립조사위원회, 스코틀랜드 왕립조사위원회 등 모두 11개 이상의 왕립조사위원회의 위원으로 활동했다. 또한 지질학회(1869~71)와 영국과학진흥협회(1870) 그리고 왕립학회(1883~85)의 회장을 역임하면서 12개 이상의 과학 단체와 모임에도 관여하고 있었다. 1870년 한 해동안 그는 영국과학진흥협회의 회장이면서 런던학교위원회의 위원이었고 동시에 왕립학회의 사무총장도 맡고 있었다.

이들의 또 다른 공통점은 헉슬리, 후커, 버스크, 러복이 모두 다윈주의적 생물학자였다는 점과 깊은 연관이 있다. 헉슬리는 1854년 이후 자연철학으로부터 생물학을 분리시켜 그것을 물리학이나 화학과 동등한 수준의 물리과학의 한 분야로 정착시킬 것을 주장해왔다.[3] 그는

3) 과학기구특별대여전시회를 주도한 또 하나의 비공식적 네트워크로는 X-클럽보다 훨씬 개인적이면서 지금까지 한 번도 논의된 적이 없는 '편지 네트워크(Corres-

한편으로는 생물학을 새롭게 정의함으로써 자연철학과의 차별화를 강조하였으며 다른 한편으로는 생물학이 물리과학적 방법론과 동일한 실험적 방법론을 사용한다는 점을 부각시켰다. 다윈의 진화론 출간 이후 전통적인 자연철학자들의 공개적인 비판과 비난에 맞서 진화론을 수호해야 했던 그에게 물리학이나 화학처럼 생물학이 타당한 과학의 한 분야임을 알리는 일은 매우 중요했다. 그가 과학기구전시회에 적극적이었던 이유는 전시회가 생물학을 자연철학과 전혀 별개의 학문으로 분리시킴과 동시에 그것이 물리학이나 화학과 동등한 수준의 물리과학임을 효과적으로 알릴 수 있는 최적의 방법이었기 때문이었다. 과학적 지식을 생산하는 방법으로 '과학 기구'를 사용한다는 점에서 생물학 역시 물리과학 및 기계과학과의 공통점을 가진 물리과학의 한 분야임을 보여주고자(visible) 했던 것이다.

헉슬리의 이러한 의도는 1876년 과학기구전시회에서의 "생물학 연구에 관하여"라는 무료 저녁 강연과 1854년의 강연을 비교하면 분명히 드러난다. 이전의 강연에서 그는 생물학의 방법론과 물리과학의 방법론이 다르지 않다는 정도만 언급했지만, 1876년 강연에서는 생물학적 지식이 과학 기구를 사용하여 얻어지는 측정의 과학임을 매우 강조하고 있다. 그는 스펙트로스코피나 에어펌프를 사용하는 물리학이나 화학처럼 생물학 역시 현미경이라는 과학 기구를 사용한다는 점과 그것이 바로 물리과학의 포괄적 특징임을 주장하고 있는 것이다.

1880년대를 지나면서 X－클럽의 강력했던 영향력은 점차 약화되었

pondence Network)'가 있다. 물리학자 스톡스 경을 중심으로 왕성한 서신왕래를 통해 주로 연결되었던 이 '편지 네트워크'에는 맥스웰을 비롯하여 워런 드라 뤼, 테이트, 스포티스우드, 줄, 로스큐, 프랭클랜드와 같은 물리학자들이 포함된다. 이들 과학자들은 생물학자 주도의 X－클럽 과학자들과는 다른 의도와 방향성을 갖고 있었다. 이에 관한 보다 자세한 내용은 조숙경(2001)을 참조할 것.

다. 1883년에 제일 먼저 스포티스우드가 세상을 떠났다. 나머지 회원들의 건강도 악화되어 1893년 3월을 마지막으로 X-클럽은 역사 속으로 영원히 사라졌다. 하지만 빅토리아 중반기에 영국 과학계의 주요 자리를 순차적으로 역임하거나 주요 회원으로 활동하던 이들의 노력과 실행에 힘입어 영국은 현대 과학의 근간을 마련할 수 있었다. 이들 중 세 명은 과학교육과 과학연구를 주도한 공로로 왕립학회로부터 코플리 메달을 수상했고, 다섯 명은 국왕으로부터 메달을 수여했다. 영국 과학의 주변부에 머물던 X-클럽 과학자들이 19세기 후반이 되면 영국 과학과 영국 사회를 대표하는 중심에 우뚝 서게 되었다.

02 대중문화로서의 과학기술

| 런던 그레이트 엑스포

앨버트 공, 세계 최초의 엑스포를 추진하다

해가 지지 않는 나라, 영국을 지탱한 힘의 배경에는 세계 최초의 과학 산업 박람회를 기획하고 추진한 저력이 있었다. 1851년 런던 하이드 파크에서 개최되었던 제1차 세계 과학산업박람회, 즉 런던 그레이트 엑스포는 그 누구도 예상하지 못했을 만큼 대단한 성공을 거두었다. 이러한 성공에는 빅토리아 여왕의 남편으로 정치력을 확보했을 뿐만 아니라 과학과 산업에 대단한 관심을 보였던 앨버트 공이 있었다. 또한 영국 과학의 중심부로 도약하려는 X-클럽과학사들과 과학과 산업을 새로운 문화로 적극 받아들인 노동 대중도 있었다. 그레이트 엑스포의 성공으로 영국에서는 1830년대부터 찰스 배비지 등이 제기해오던 영국 과학 쇠퇴론이 일순 잠잠해졌고, 산업혁명을 시작한 세계 동력원으로서 영국의 건재함을 프랑스나 독일 등 유럽의 다른 국가들에게 널리 확산시켰다.

산업혁명이 한창 진행 중인 1754년부터 왕립기예학회는 약간의 그

림과 건축물 모델 등을 모아 소규모 전시회를 개최해왔다. 전시회가 의외로 큰 인기를 모으자 당시 유명한 전기기술자였던 쿡은 이제 막 왕립기예학회장으로 선출된 앨버트 공에게 국제 규모의 전시회를 개최할 것을 제안했다. 사실, 국제 규모의 산업 전시회를 개최하려는 시도는 프랑스에서 이미 몇 차례 있었지만 이해 당사자들의 무관심으로 매번 무산되곤 했다. 그러나 앨버트 공의 강력한 지도하에 영국에서는 즉각적으로 위원회가 소집되었다. 전시회를 개최하는 데에는 무엇보다 충분한 재원 확보가 중요했는데, 빅토리아 여왕이 1천 파운드를 기부하였고 곧 개인 후원금도 뒤따랐다. 하지만 국제 규모의 전시회를 개최하기에는 자금이 턱없이 부족했고, 급기야 과학자들은 영국 정부에 10만 파운드를 지원해달라고 건의하고 나섰다. 그러나 예상했던 대로 *자유방임주의*의 영국 정부는 외교 채널을 통한 홍보나 개최장소 대여 이외의 경제적 후원에는 매우 인색했다. 결국 왕립기예학회는 개인 투자자들의 출자금을 모으고 나중에 이익금을 분배하는 방식으로 자금 문제를 해결할 수밖에 없었다.

국제 규모의 전시회를 개최하는 일은 여러 가지로 쉽지 않았다. 재정적 문제 이외의 큰 어려움으로는 산업 관계자들이 전시회에 출품하는 것을 주저하는 것과 관람객이 되어야 할 대중들이 보이는 무관심이었다. 이에 왕립기예학회는 1847년부터 사전 홍보 활동의 일환으로 산업 제품 혹은 공예품에 예술적 가치를 가미한 작품을 선정하여 시상하는 경진대회를 새롭게 도입했다. 제1차 대회는 20,000명의 출품자 및 관람자가 참가했고, 제2차 대회 역시 700여 명의 출품자와 73,000명의 관람객이 몰려들 정도로 성황을 이루었다. 이에 자신감을 얻은 왕립기예학회는 제5차 대회가 열리게 될 1851년을 잠정적으로 그레이트 엑스포 개최 연도로 결정하게 되었다.

1849년 제3차 대회를 성공적으로 마친 어느 날, 앨버트 공, 코울 그리고 러셀 세 사람은 그레이트 엑스포를 위한 실질적인 문제들을 본격적으로 논의하기 시작했다. 다음 해 1월에는 공식적으로 조직위원회가 출범하였고, 전체 위원 24명 중에는 당대 정계와 산업계를 대표하는 인물들과 최고의 과학자들이 모두 포함되었다. 대표적인 인물로는 필 경, 스탠리 경, 글래드스톤, 러셀 경 등 전・현직 네 명의 수상들과 기술자 스티븐슨 그리고 지질학자 라이엘이 있었다. 조직위원회는 이후 잉글랜드와 스코틀랜드 그리고 아일랜드에 있는 약 65개의 지방 산업체들을 직접 방문하면서 전시회를 홍보했으며, 러셀 경과 코울, 채드윅 그리고 대표적인 과학행정가였던 플레이페어는 실행위원회 위원으로도 활동하면서 실질적으로 전시회를 기획하고 이끌어나갔다.

많은 어려움에도 불구하고 엑스포가 순조롭게 그리고 비교적 짧은 시간 안에 개최 가능했던 것은 앨버트 공이 있었기 때문이었다. 독일인이었던 그는 자유주의적인 성향과 학자다운 면모를 갖추었으며, 왕립기예학회 회장을 역임했고, 특히 필 수상이나 고위 관료들과 절친한

빅토리아 여왕

프리스 앨버트 공,
빅토리아 여왕의 남편

관계를 유지하고 있었다. 뿐만 아니라 본국인 독일은 물론 유럽 여러 국가들이 그레이트 엑스포에 참가할 수 있도록 안내하는 일에 누구보다 앞장섰다. 앨버트 공이 왜 정치가 아닌 과학 및 기술 교육 그리고 그레이트 엑스포 개최에 관심을 두었는지에 대해서는 의견이 분분한데, 타당한 설명 중 하나는 그가 당시 영국 정치에서 의도적으로 배제되어 있었다는 것이다. 그레이트 엑스포를 준비하던 1849년에 그는 30대에 접어들었고 빅토리아 여왕과의 결혼 생활도 어느덧 9년째를 맞이하였지만 대부분의 시간을 주로 사냥이나 여러 학문 단체를 후원하는 일로 소일하고 있었다.

크리스탈 팰리스, 과학의 향연이 펼쳐지다

일단 재정적 문제가 어느 정도 해결되고 출품할 전시품에 대한 윤곽이 드러나자 이제는 전시회 개최 장소를 결정하는 문제가 남았다. 처음에는 트라팔가 광장을 고려했지만 헨리 코울의 강력한 반대를 받아들여 결국 하이드 파크에 임시 건물을 짓는 안으로 결정되었다. 하지만 아름답고 커다란 나무가 많은 하이드 파크에 인공 건물을 세우는 것에 대한 반론도 적지 않게 제기되었다. 십소프 장군은 세워질 인공 건물이 영국이 생겨난 이래 '가장 거대한 쓰레기'가 될 것이라며 비판했다. 나중에 크리스탈 팰리스의 중앙에 크고 작은 많은 나무들을 보존하기 위해 아치형 지붕이 생긴 것은 사실상 그러한 비판을 부분적으로 수용한 결과였다.

곧이어 건축위원회가 조직되었으며, 최상의 건물을 짓기 위해 디자인 공모가 시작되었다. 하지만 위원회는 당시에 접수된 245개의 공모

안을 선택하지 않고 대신 당대의 가장 유명한 엔지니어였던 브루넬에게 설계를 의뢰했다. 그런데 흥미롭게도 마지막에 채택된 안은 데본셔 백작 가문의 정원사로 일하면서 채트워스 하우스의 온실을 특이하게 설계해 나름대로 이름을 알리기 시작하던 팍스톤의 설계안이었다. 난초 잎에서 힌트를 얻어 철제 구조물에 유리판을 끼운 온실을 설계했던 그는 크리스탈 팰리스 역시 유리와 철제로만 구상했다. 디자인 공모전에 응모도 하지 않았던 팍스톤이 어떻게 하이드 파크에 그 역사적인 건물을 세울 수 있었는지에 대해서는 의견이 분분하다. 최근의 한 주장에 따르면, 브루넬의 안이 흉칙하다는 비판을 받고 있음을 알게 된 팍스톤이 자신의 안을 의도적으로 「일러스트레이트 런던 뉴스」에 투고했다는 것이다. 언론을 통해 자신의 설계안으로 몰고 간 팍스톤은 결국 크리스탈 팰리스를 설계한 공로로 오늘날의 백만 파운드에 해당하는 5,000파운드의 상금과 작위를 받았을 뿐만 아니라 이후에는 국회의원이 되어 빅토리아 시대의 대표적인 자수성가형 인물로 기록되고 있다.

팍스톤의 크리스탈 팰리스 설계도

크리스탈 팰리스는 엑스포 이후 런던 남동쪽으로 옮겨졌다가 1936년에 화재로 소멸되었고, 오늘날에는 지하철역의 이름으로만 남아있다. 총 길이 약 570 m, 너비 약 140 m에 이르는 이곳은 영국 찰스 왕세자와 다이애너 비가 세기의 결혼식을 올렸던 세인트 폴 성당보다 세 배 길고 스무 배 더 넓으며, 오늘날 축구장 4개에 해당하는 크기이다. 건물에 소요된 30만 장의 고강도 유리판을 제작하기 위해 특별히 프랑스에서 30여명의 유리 제조 기술자가 초빙되었는데 이들에게는 당시 동원되었던 2,200명의 노동자들보다 세 배나 많은 급료를 지불했다. 크리스탈 팰리스는 초석을 놓은 지 불과 7개월 만에 그 웅장한 모습을 드러냈으며, 동일한 크기와 동일한 모양의 철재와 유리로만 지어진 세계 최초의 조립식 건물이라는 특징을 갖고 있다. 수정처럼 빛나는 화려한 외관과 거대한 분수가 설치된 실내로 자연과 인공의 조화를 꾀했던 크리스탈 팰리스는 런던 그레이트 엑스포의 아이콘이 되었다. 이후 개최되는 세계 엑스포들이 특이한 건축물을 선보이는 각축장이 된 것은 바로 이 때문이다. 1889년 파리 엑스포에서 선보인 에펠탑 역시 당시에는 가장 흉물스러운 건축물이라는 비판을 받았지만 오늘날에는 전 세계인이 파리를 기억하는 가장 대표적인 건축물이 되었다.

런던 그레이트 엑스포는 5년 이상의 논의와 준비 과정을 거쳐 1851년 5월 1일 공식 개관되었다. 빅토리아 여왕을 비롯한 앨버트 공, 조직위원회 과학자들 그리고 왕립기예학회 회원들은 첨단 과학과 기술의 산업적 응용을 통해 영국 과학의 당당한 위상을 보여주었다. 프랑스를 비롯해 독일, 미국, 중국 등 33개의 국가에서 약 10만점이 출품되었으며 대표적인 전시품들로는 영국에서 출품된 증기 자동차와 증기 망치 등 산업 관련 기계류, 스위스에서 제작한 정밀 시계, 아라비아 카페트 그리고 멀리 중국에서 보내 온 화려한 도자기 등이었다. 전시품들은 종류별, 산업별로 크게 원자재류, 기계류, 옷감과 직물 제품류, 금속이나 도자기류, 예술품류 그리고 기타 특이한 것들의 여섯 종류로 분류되었다.

크리스탈 팰리스는 10월 11일 폐관될 때까지 총 141일 동안 영국 국민들은 물론 유럽과 아시아에 이르는 전 세계인들의 지대한 관심을 받았다. 엑스포장을 찾은 하루 평균 관람객은 약 4만 명으로 한 번 이

잡지 「여가보내기」에 실린 크리스탈 팰리스 전경

상 방문한 사람이나 전시품 출품자를 제외하더라도 모두 6백만 명 이상이 관람한 것으로 집계됐다. 이 숫자는 당시 잉글랜드와 스코틀랜드 및 웨일즈 전체 인구의 약 30%에 해당하며 당시 3백만 명이었던 런던 인구의 두 배에 해당하는 엄청난 것이다. 특히, 엑스포의 입장료가 결코 저렴하지 않았다는 사실에 비추어 볼 때 그 대중적 성공은 예상을 훨씬 초월한 것이었다. 이처럼 그레이트 엑스포가 엄청난 성공을 거둘 수 있었던 이유는 여러 가지가 있지만, 1830년대 이후부터 실용화되었던 철도와 철도 회사들의 급성장도 주요한 이유 중 하나였다. 대표적인 여행사인 토마스 쿡은 미들랜드 기차 회사와 손잡고 엑스포 입장권이 포함된 저렴한 기차 여행 패키지 상품을 최초로 선보였는데, 케임브리지셔 할로우 지방에는 이 패키지 상품을 활용하여 약 500명의 방문객이 엑스포를 다녀갔다는 기록이 남아있다. 프랑스 등 유럽에서도 특별히 마련된 배와 기차 연계 상품을 활용하여 유럽의 많은 사람들이 런던을 방문했다고 한다.

과학에 대한 노동 대중의 수요 발견

런던 그레이트 엑스포에 보여준 영국 대중들의 관심과 호응은 실로 대단한 것이었다. 비록 노동자 계층의 경제 수준이 이전 시기에 비해 2.5배 정도 상승한 것은 사실이었지만 입장료와 런던으로의 왕복 교통비 및 체류비는 당시 노동자 계층이 지불하기에는 너무 큰 금액이었다. 그런데도 누구도 예측하지 못했던 일이 일어났다. 최첨단 과학과 산업품을 둘러보기 위해 영국 전역으로부터 수없이 많은 사람들이 런던으로 몰려들었으며, 다음의 일화는 당시 상황을 잘 보여주고 있다.

"그 노동자는 가지고 있던 전 재산인 6s으로 5s짜리 런던 행 삼등칸 야간 기차 왕복 티켓을 샀다. 그리고 나머지 1s과 약간의 샌드위치를 호주머니에 넣은 채 그날 밤 허더스필드를 떠났다. 야간 열차에서 거의 뜬 눈으로 밤을 지새운 그는 다음 날 아침 피곤함도 잊은 채 엄청난 기대감을 안고 크리스탈 팰리스까지 걸어갔다. 그리고는 주머니에 남아있던 1s으로 입장표를 사고 그레이트 엑스포장으로 들어섰다. 한참 동안 놀라움과 기쁨에 넘쳐 전시장을 둘러본 그는 배가 고파지자 호주머니 속에서 샌드위치를 꺼내 끼니를 때우고 중앙 분수에서 솟아나는 샘물을 마시며 갈증을 해소했다. 하루 종일 박람회장을 둘러본 그는 그날 밤 다시 허더스필드로 되돌아가는 기차에 몸을 실었으며, 야간 기차 안에서 밤새 시달린 후 아침도 거른 채 곧바로 작업장으로 달려가 다시 하루 일을 시작했다".[4)]

허더스필드 노동자의 사례는 당시 노동자들이 새로운 과학 및 산업기술에 얼마나 많은 관심과 열정을 가지고 있었는지 잘 보여준다. 또한 19세기의 과학 대중화가 지배층으로부터 노동 대중에게 일방적으

4) 빅토리아 & 앨버트 박물관, Z Archive

로 전달된 것이 아니라는 사실도 분명히 시사한다. 사실 19세기 중반까지도 과학은 주로 소수의 중·상류층에게 제한적으로 그리고 아마추어 차원에서 향유되는 것으로 생각되었을 뿐 노동 대중이 가까이할 대상은 아니라는 것이 지배적이었다. 그런데 그레이트 엑스포에서 보여 준 노동 대중의 수요와 열망은 당시의 편견을 일순에 깨뜨렸다. 노동 대중은 자발적으로 주체적인 문화의 소비자가 되어 최첨단 볼거리를 직접 찾아 나섰고, 투명한 수정궁 안에서 퍼져나가는 진보의 메시지를 즐겁게 노래했다. 141일 동안 펼쳐진 세계 최초의 과학기술문화의 향연은 전시 기획자나 과학 전달자들의 일방적인 노력에 의한 것이 아니고 노동자 계층의 무조건적인 반응에 의한 것도 아니었으며 바로 과학자들과 노동 대중들의 적극적인 기획과 요구 그리고 자발적 선택이 함께 만들어낸 시대의 합창곡이었다.

첨단 과학기술에 대한 노동 대중들의 지대한 관심은 이후 영국 정부가 과학 및 기술 교육을 위한 새로운 기구를 설치하고, 과학을 직접 혹은 간접으로 후원하는 중요한 전환점이 되었다. 먼저 영국 정부는 1853년에 과학과 기술 및 예술을 총괄하는 부서로 과학기예부를 신설했으며, 교사들을 위한 과학시험제도를 처음으로 도입했다. 물론 이러한 제도의 변화에는 과학 쇠퇴론자의 끊임없는 주장과 과학 개혁가의 끈질긴 설득 그리고 X-클럽 과학자들의 조직적인 노력이 함께 작용했지만, 과학기술문화에 보여주었던 노동 대중의 적극적인 호응과 수요 역시 매우 중요하게 작용했다. 대중적인 불만과 요구가 제기될 때마다 왕립조사위원회를 조직하여 문제를 해결해오던 *자유방임주의*의 영국 정부가 이제 과학 및 산업기술 문화에 관심을 두게 된 것은 과학 및 기술 교육에 대한 대중의 엄청난 수요를 이제는 더 이상 피할 수 없음을 강하게 인식했기 때문이었다.

그레이트 엑스포는 노동 대중들의 과학에 대한 수요를 발견하는 중요한 기회이자 노동자 계층에 대한 정치 지배층의 왜곡된 이미지를 개선하는 매우 중요한 계기였다. 사실 박람회를 준비하는 동안에는 하이드 파크에 들어설 인공 건물에 대한 반대도 거셌지만, 대규모 노동자들이 한자리에 집결되었을 때 일어날 수 있는 전염병이나 정치적 혼란에 대한 우려도 많았다. 일부 보수주의자들은 그레이트 엑스포가 주춤하던 차티스트 운동을 부활시킬 수 있을 뿐만 아니라 카톨릭 프랑스인들을 유입시켜 사회 혼란을 가져올 수도 있다며 강력히 저지하고 나섰다. 하지만 모든 우려는 단지 우려일 뿐이었다. 엑스포 기간 동안에는 사회주의적 성향의 학생들도 나타나지 않았고, 대규모로 모인 노동자들도 전혀 폭력적이지 않았으며, 무장한 군인이 지키지 않아도 그 어떤 정치적 행위도 일어나지 않았다. 노동자 계층은 지배 계층과 완전히 다른 나라에 살고 있는 폭력적이며 게으르고 구걸하기를 좋아하는 미개인이 아니었다. 그들은 새롭게 형성되고 있는 과학과 산업 그리고 기술이라는 신문화를 기꺼이 찾아 나서고 또한 즐길 줄 아는 '존중할 만한(respectable)' 사람들이었던 것이다.

사우스 켄싱턴, 과학의 메카가 되다

그레이트 엑스포는 신문화로서의 과학기술에 대한 폭발적인 대중적 호응과 수요의 발견이라는 소프트웨어적인 성공과 함께 경제적이고 실질적인 성과로 20만 파운드에 해당하는 막대한 이익금을 남겨놓았다. 이 정도의 금액으로는 정부의 지원을 받지 않고서도 무언가 국제적 차원의 행사도 해낼 수 있었다. 1,000여 건의 활용 방안이 논의되었지만 결국 앨버트 공의 의견에 따라 켄싱턴 고어 지역에 토지를 구매하는 안으로 결정되었다.

런던의 녹색 심장부인 하이드 파크의 남쪽에 위치한 켄싱턴 고어의 사우스 켄싱턴은 곧 과학 및 기술의 가장 활발한 중심지로 부상했다. 이미 그곳에는 물리학회와 왕립지리학회가 있었고, 실용기예부에서 확대·신설된 과학기예부도 이전되어 왔다. 1857년에는 사우스 켄싱턴 박물관과 함께 특허국 박물관이 새롭게 들어섰으며 20세기 초반에 임피리얼칼리지로 통합되는 왕립광산칼리지와 왕립과학칼리지도 순차적으로 이전되었다. 왕립광산칼리지와 왕립과학칼리지는 런던에서 고등 과학교육을 제공하던 대표적인 곳으로 1851년에 맨체스터에 신설된 오웬스칼리지와 함께 과학 교사도 양성했으며, 과학 종사자들에게는 교수라는 직업을 제공하던 몇 안 되는 직장이었다.

왕립과학칼리지는 화학이 상대적으로 유행한 1845년 옥스포드 거리에서 작은 규모로 출발한 왕립화학칼리지에 그 기원을 두고 있다. 앨버트 공의 특별한 후원을 받았던 이 학교에는 독일 본 대학교 출신인 호프만이 최초의 교수로 임명되었고, 실험화학의 선구자로서 독일의 화학 발전에 크게 기여하던 리비히, 분젠 같은 저명한 화학자들이 초청 강의를 담당했다. 이 대학교에서는 일정한 수준의 교육을 마친 학생들에게 출석증명서를 발급해주었고, 특히 독창적인 연구를 수행한 학생에게는 우등상을 주어 격려했다. 당대 활동한 과학자들 중 우등상을 받은 인물로는 최초로 인공염료를 합성한 퍼킨과 워런 드라뤼 그리고 프랭클랜드 등이 있었다.

왕립광산칼리지는 이보다 약간 늦은 1851년 베체 경이 설립한 실용지질학 박물관과 나란히 세워졌다. 저르민 거리에 있는 '과학의 성취를 위한 최초의 궁전'이라는 평가를 받은 이 대학교 역시 앨버트 공의 후원에 힘입어 당대 저명한 과학자들이 교수진으로 배치되었다. 플레이페어는 화학과 농업에의 화학적 응용에 대해 강의했고, 앨버트 공을 비롯하여 지명도가 높은 인사들이 유럽의 과학 및 기술 교육의 현황과 함께 순수과학의 증진과 산업적 진보의 조화를 강조했다.

사우스 켄싱턴에 사들인 직사각형의 토지에는 1856년부터 네 개의 새로운 거리인 전시회 거리와 크롬웰 거리, 프린스앨버트 거리와 고어 거리가 건설되었다. 1861년에는 전시회 거리의 동쪽으로 남쪽 갤러리가 새롭게 건축되었고, 1871년에는 서쪽 갤러리가 들어섰는데, 이 두 갤러리는 다음 장에서 논의하게 될 1876년 과학기구특별대여전시회가

19세기 당시 사우스 켄싱턴 박물관과 전시회 거리

EXHIBITION ROAD, 1899, SHOWING ENTRANCE TO SCIENCE MUSEUM.
THE SCIENCE MUSEUM, LONDON. No. 130.

1899년 무렵의 런던과학박물관 전경

개최되는 장소이다. 그리고 이곳은 또한 오늘날의 런던과학박물관이 들어서 있는 바로 그 장소이기도 하다.

03 영국 런던과학박물관의 시작

| 1876년 과학기구특별대여전시회

사우스 켄싱턴 박물관과 과학 컬렉션

오늘날 런던과학박물관의 전신이라고 여겨지는 사우스 켄싱턴 박물관은 그레이트 엑스포 조직위원회가 토지를 제공하고 영국 정부가 1만5천 파운드를 출자하여 설립되었다. 외관이 증기 엔진 보일러와 유사하다고 하여 '브롬튼 보일러(Brompton Boiler)'라는 별명을 얻었던 이곳은 크게 두 가지 목표를 삼았다. 하나는 모든 계층의 사람들에게 인류 역사가 이뤄낸 가장 우수한 과학 및 기예의 공통 원리를 탐구할 수 있는 기회를 제공하는 것이고 다른 하나는 과학 및 기예 교육의 장으로 기능함으로써 영국의 산업 발전에 기여하는 것이다.

사우스 켄싱턴 박물관에는 조직위원회와 영국 정부가 그레이트 엑스포에서 구매한 후 말보로 하우스에 보관해 오던 전시품들이 주로 전시되었으며, 대부분이 산업적 기술과 예술이 결합된 예술품 컬렉션과 동물 표본 컬렉션이었다. 여기에 그레이트 엑스포에서 제외되었던 부분을 보충하기 위해 1854년에 개최되었던 교육전시회의 각종 교육용 자료와 재료를 모은 교육 컬렉션이 더해졌고, 개인 소장 미술품과 그림도 추가되었다. 개관 이듬해인 1858년 사우스 켄싱턴 박물관의 전시물은 크게 다음과 같이 9개의 분과로 분류되었다:

· 제1분과: 근대 영국의 미술품과 그림류
· 제2분과: 조각가 협회가 기증한 근대 조각품류
· 제3분과: 예술품 컬렉션
· 제4분과: 건축물 컬렉션/개인 소장의 건축설계도, 건축용 몰드 등
· 제5분과: 예술 관련 도서류
· 제6분과: 건물 재료와 건축용 모델류
· 제7분과: 교육 컬렉션
· 제8분과: 식품과 동물표본 컬렉션
· 제9분과: 발명품, 기계모델 컬렉션

이들 9개 분과는 크게 보아 예술품 컬렉션과 그 외의 컬렉션으로 분류될 수 있는데, 나머지 컬렉션에 속하는 제4분과, 6분과, 7분과, 8분과 그리고 9분과의 전시품은 주로 과학과 관련된 것이었다. 5개 분과로 나누어진 나머지 분과들은 그 규모에서나 행정적 우선순위 그리고 방문객의 선호도에 있어서 결코 사우스 켄싱턴 박물관을 대표하지 못했다. 게다가 과학 컬렉션으로 분류될 수 있는 제9분과는 아직 행정적으로는 특허국 소속이어서, 당시 사우스 켄싱턴 박물관에서 과학 관련 컬렉션은 매우 미미한 존재였다.

사우스 켄싱턴 박물관을 관장하는 과학기예부는 과학이 서두에 위치한 이름에 걸맞지 않게 사우스 켄싱턴 박물관을 과학보다는 예술품을 위한 공간으로 만드는 것에 더 집중했던 것으로 보인다. 왜냐하면 전시 공간이 부족할 때마다 과학 관련 컬렉션은 예술품에 공간을 내주어야 했으며, 1865년에는 제일 먼저 식품과 동물 표본 컬렉션이 전

시회 거리의 서쪽 건물로 영구히 옮겨졌다. 1866년에는 건물 재료와 건축용 모델류가 옮겨졌으며, 1874년에는 왕립해양건축학교가 그리니치로 이전되면서 관련된 컬렉션도 함께 사라졌다. 1876년에는 마지막으로 교육 컬렉션이 전시회 거리의 서쪽으로 옮겨졌다가 다시 분산되었고, 1883년에는 새로운 특허법이 통과되면서 특허국 컬렉션이 영구히 전시회 거리의 서쪽으로 밀려나고 말았다.

그런데 흥미롭게도 이 일련의 떠밀리기라는 부정적인 과정은 결과적으로 과학 관련 컬렉션을 예술품 컬렉션으로부터 분리해 낸 긍정적인 과정이었다. 떠밀린 과학 관련 컬렉션들이 오늘날의 런던과학박물관 자리로 집결된 매우 중요한 과정이었던 것이다. 누구도 예상하지 못했고, 기존의 런던과학박물관의 역사에 관한 연구에서는 한 번도 논의된 적이 없었던 이 20여 년의 떠밀리기는 사실상 과학 컬렉션이 그 정체성을 갖도록 만들어 준 매우 선도적인 과정이었다. 그 결과로 1876년 과학기구특별대여전시회는 굳이 시간과 노력을 들여 예술품 컬렉션으로부터 과학 관련 컬렉션을 구별해 내지 않아도 되었으며 굳이 개최 장소를 두고 고심할 필요도 없게 되었다. 바로 이 점이 런던과학박물관의 역사에서 사우스 켄싱턴 박물관을 중요하게 다루어하는 이유다. 사우스 켄싱턴 박물관이 소장하던 과학 컬렉션의 일부가 런던과학박물관의 소장품으로 이어졌기 때문이 아니라 예술품 컬렉션으로부터 과학 컬렉션을 분리해냈다는 점에서 사우스 켄싱턴 박물관 시절은 런던과학박물관의 역사와 연관되는 것이다. 다시 말해서, 사우스 켄싱턴 박물관은 오늘날까지 이어지는 핵심 소장품을 형성하지도 않았고, 오늘날의 건물이 위치한 장소에 자리하지도 않았기 때문에 런던과학박물관의 시작으로 평가되는 기존 시각은 수정되어야만 한다. 사우스 켄싱턴 박물관이 오늘날의 런던과학박물관과 중요하게 연관된다

잡지 「여가시간」 표지

면, 그것은 오늘날 런던과학박물관을 특징짓는 과학 관련 컬렉션을 예술품 컬렉션으로부터 분리해 냈기 때문일 것이다. 비록 그때 당시의 과학 관련 컬렉션이 이후 런던과학박물관의 핵심소장품을 형성하지는 못했다.

사우스 켄싱턴 박물관은 개관 이래로 매년 방문객이 증가하여 1857년 20만 명이었던 방문객이 10년 후에는 거의 2.5배 증가했다. 그로부터 10년이 지난 1877년에는 100만 명에 육박했다. 월요일, 화요일, 토요일에는 무료로 개방되었고, 학생의 날인 수요일, 목요일, 금요일에는 일반인에게 1인당 6다인의 요금이 부과되었다. 예술품 컬렉션을 제외한 과학 관련 컬렉션이나 인디안 컬렉션은 1년 내내 무료로 개방되었지만 그 인기는 상대적으로 매우 낮았다. 사우스 켄싱턴 박물관은 여름과 국경일에 붐볐고, 무료로 개방하는 날 오전에 특히 복잡했다. 박물관의 전체 방문객 중 20~30%는 각 학교에서 교사가 인솔하고 온 학생들이었다.

1860년대를 거치면서 사우스 켄싱턴 박물관은 다양한 계층을 위한 문화 공간으로 기능했다. 1879년에 출간된 「여가시간」이라는 가족잡지는 '휴가 보내기'라는 기사를 통해 비바람 불고 변덕스러운 날씨로 질퍽거리는 부활절 휴가 동안 런던의 도시 노동자들에게 사우스 켄싱턴 박물관 방문을 적극 권유하고 있다. 기사에는 박물관 관람이 도시생활에 지친 노동자들에게 무궁무진한 즐거움을 가져다 줄 것이라는 내용이 있었다. 그리너웨이 역시 1864년경 사우스 켄싱턴 박물관을 방문하는 것이 런던 생활에서 아주 존경받는 행동이었다고 기술하고 있다. 비록 사우스 켄싱턴 박물관의 과학 관련 컬렉션이 예술품 컬렉션에 비해 대중적 관심을 많이 모으지는 못했으나 당시에는 합리적인 여가에 대한 강조로 박물관, 식물원, 도서관, 독서 클럽, 대중 강연과 같은 보다 지적인 형태의 회합 문화가 번성하고 있었다.

과학기술, 결국 런던과학박물관이 대표하게 되는 물리과학 컬렉션이 예술품 컬렉션처럼 대중과 더욱 가까워지기 위해서는 무언가 보다 적극적이고 활발한 움직임이 있어야 했다. 자연사 분야의 과학 대중화를 위해서 저렴한 SF 과학 소설이 유행하고 예술품 컬렉션의 대중화를 위해서 헨리 코울과 같은 대표 인물이 존재했듯이 물리과학을 위해서도 무언가 특별한 것이 필요했다. 그것은 물리과학의 존재를 드러내 보여주어야(visible) 했으며, 대중에게 접근 가능한 것으로 만들어 주어야 했다. 1876년에 개최되는 과학기구특별대여전시회는 바로 이러한 역할을 담당했던 것이다.

특허국 박물관과 기계 · 발명품 컬렉션

사우스 켄싱턴 박물관이 들어선 '브롬튼 보일러'는 과학 컬렉션의 일시적인 안식처이기도 했지만, 한동안은 특허 받은 모델과 발명품을 위한 독자적인 공간이기도 했다. 특허국의 소수였던 베넷 우드크로푸트는 순전히 개인적인 관심으로 1852년부터 특허를 받았거나 특허는 받지 않았어도 기계의 역사적 발전에서 중요한 의미를 갖는 발명품들을 모으기 시작했다. 1857년에 특허국장에 취임한 그는 자신의 소장품과 특허국 소속의 발명품 및 특허품 그리고 가까운 지인들이 모아왔던 개인 소장품을 하나로 모아 특허국 박물관을 개관하게 되었다.

특허국 박물관을 대표한 찰스 바비지의 계산 기계

특허국 박물관은 과학기예부 소속이 아닌 특허국 위원회 산하로 사우스 켄싱턴 박물관과 행정적으로 구별되었으며 두 가지를 목표로 삼았다. 하나는 증기 엔진과 같은 발명품들이 진보해 온 단계를 순차적으로 전시함으로써 기술자와 일반 대중에게 기술 교육의 기회를 제공하는 것이었고 다른 하나는 특허가 처음으로 인정된 1617년부터 특허를 받은 기계의 모든 제작 도안 및 특허품에 관한 총체적인 정보를 제공함으로써 기술자들에게 공공의 도서관으로서 기능하는 것이었다.

특허국 박물관 도서관에는 특허국에서 출간된 각종 특허 관련 자료집과 서적 그리고 특허품의 시대별 목록이 일반적인 과학 및 기술 관련 도서와 국내·외의 유수 과학 잡지, 과학기예부가 출간한 과학 교재들과 나란히 소장되었다. 여기에 매년 새로 특허를 취득한 각종 기계의 설계도 및 도안 목록 세트가 추가되었다. 추가된 복사본 세트는 에버딘, 버밍엄, 허더스필드, 리즈, 옥스퍼드 등 전국의 70여 개 주요 공공 도서관에 비치되었다.

우드크로푸트는 여러 가지 기계 모델을 직접 발명한 당시의 대표적인 발명가이자 개선가였다. 게다가 그는 역사적인 발명품과 그에 관한 자료가 산업과 발명의 진보를 이해하는 데 매우 중요한 자료라는 사실을 인식하던 사람이었다. 박물관의 소장품은 대부분 기계 및 발명품들로서 대표적인 것으로 1813년 최초로 기차 레일 위를 달린 퍼핑빌리 기관차, 스티븐슨 공장에서 제작한 로킷 기관차, 벨의 증기 보트인 코밋(Comet), 직조공 아크라이트가 발명한 방적 기계, 위트스톤이 전보를 보내기 위해 사용했던 일련의 실험 기구뿐만 아니라 우드크로푸트 자신이 소장한 트레비릭 기관차, 뉴코만의 엔진 설계도, 세이버리의 엔진 설계 등도 있었다.

특허국 박물관도 당시 유행하고 있던 대중잡지에 대표적인 대중 여가지로 추천되었지만, 박물관을 찾은 방문객은 주로 과학 종사자, 기술자, 학생 및 기계와 발명품에 관심을 갖던 노동 계층으로 제한되어 있었다. 게다가 이곳은 특이하거나 특허를 받은 기계류가 주로 전시되어 대중적 기술 교육을 표방했음에도 불구하고 실제로는 일반 대중에게 기계 및 발명품에 내재된 과학적 원리를 알리는 데에는 한계가 있었다. 오히려 특허국 박물관은 새로운 특허 관련 기계류 등의 수집 및 보관에 더 치중했고 행정적으로는 사우스 켄싱턴 박물관과 별개로 운영되었다. 이와 같은 사실로 미루어 보았을 때 특허국 박물관을 런던과학박물관의 전신으로 여기는 기존의 입장은 수정이 필요하다. 특허국 박물관이 런던과학박물관의 시작과 연관되는 것은 로킷 자동차를 비롯하여 특허국 박물관의 많은 소장품들이 오늘날 런던과학박물관의 주요 소장품의 일부가 되었기 때문이다.

제4차 데본셔 보고서와 과학기구특별대여전시회 개최

1830년대 영국과학쇠퇴론과 1850년대 그레이트엑스포에 이어 1870년대 영국에서는 오늘날 과학기술의 모습을 갖추는 또 하나의 중요한 일이 일어났다. 일명 데본셔 위원회라 불리는 국가 차원의 '과학 교육과 향상을 위한 왕립조사위원회'가 발족된 것이다. 데본셔 가문은 수소를 발견한 헨리 캐번디시를 비롯해 특히 과학에 대한 후원으로 유명하며 이탈리아의 메디치 가문과 비교된다. 제7대 공작이 의장으로 임명되어 이름 붙여진 데본셔 위원회는 6년 동안이나 존속하면서 당시 영국의 과학이 처한 상황을 체계적으로 조사하고 문제점을 지적했으며, 타당한 해결책을 제시하는 방대한 양의 보고서들을 제출했다. 위원회는 수백 명의 교사와 학생, 과학 종사자, 학교 관계자, 기관의 관계자들과 실제적인 면담을 통해 구체적인 현황을 파악했고, 모두 8개의 보고서를 작성했다. 헉슬리, 프랭클랜드 등 X-클럽 과학자들은 물론 스톡스 경과 같이 당대를 대표하는 개혁적 인물들이 다수 포함된 이 위원회는 잉글랜드와 스코틀랜드 그리고 웨일즈를 포함하는 영국 전체의 과학교육과 과학연구의 현황을 조사했으며, 옥스브리지 같이 전통이 깊은 대학교에서부터 이제 막 신설된 레드 브릭스 대학교, 이튼이나 럭비 같은 사립학교에 이르기까지 각 급 학교를 대상으로 삼았다. 또한 국가가 관장하는 박물관과 식물원 그리고 각종 과학 강연의 현황 등도 세세하게 조사했다.

왕립광산칼리지와 왕립화학칼리지의 과학교육 실태를 파악한 제1차 보고서는 결론으로 두 칼리지의 통합을 제시했다. 제2차 보고서는 기술교육의 전반적인 현황을 조사하고 특히 과학기예부의 과학 및 기술 정책의 문제점을 지적했다. 학교 관계자들과의 탐문을 기초로 작성한 제3차 보고서는 옥스브리지 대학교의 열악한 과학교육 상황을 지적했고, 제5차 보고서는 차별적인 과학 및 기술교육을 표방하고 출발한 레드 브릭스 대학교의 과학교육의 실체도 여실히 드러냈다. 1875년에 출간된 제6차, 7차, 8차 보고서들은 사립학교를 포함하여 초·중등에 해당하는 각 급 학교 및 스코틀랜드 대학교의 과학교육 현황을 조사했으며, 과학에 대한 정부의 지원 상황도 보고했다. 데본셔 보고서들은 왕립조사위원회라는 이름에 걸맞게 이후 영국에서 수행된 모든 형태의 과학 교육과 과학 진보를 위한 정부 정책의 중요한 초석이 되었다. 실제로 1875년 이후에 진행된 정부 정책은 어떤 형태로든 데본셔 보고서를 언급하고 있으며, 보고서가 제안한 내용을 근간으로 삼고 있다.

특히, 잉글랜드와 스코틀랜드 및 아일랜드의 각종 박물관과 과학 관련 컬렉션의 현황을 대대적으로 탐문하고 조사한 제4차 보고서는 사우스 켄싱턴 박물관의 과학 컬렉션과 특허국 박물관의 기계 및 발명품 컬렉션을 하나로 통합하는 계기였다. 1875년 2월 18일자 「타임즈」지에 의하면, 당시 교육부 장관은 '문학을 위해서는 대영 박물관의 도서관이, 예술품을 위해서는 국립 미술관과 사우스 켄싱턴의 예술품 컬렉션이, 자연사를 위해서는 자연사 컬렉션이, 지질학을 위해서는 저르민 거리의 박물관이, 식물학자를 위해서는 큐 식물원이 존재하듯이, 이 나라의 역사상 처음으로 물리적·화학적·기계적 과학에서 새로운 사실을 발견하고 명료하게 밝힐 수 있는 과학 기구들을 위해서 새로운 공간을 마련하고자' 한다는 내용의 편지를 전국의 과학 단체장에게 발송했다.

곧이어 왕립학회장 후커를 중심으로 과학 단체와 기관, 각종 위원회를 대표하는 133명의 과학 관련 인사로 구성된 초대형 자문위원회가 조직되었다. 「타임즈」가 기술하듯이 역사상 그 유례를 찾을 수 없는 이 거대한 자문위원회에는 오늘날 과학 관련 교과서나 서적에서 그 이름을 쉽게 접할 수 있는 헉슬리, 맥스웰, 노만 로키어, 후커, 로스큐, 프랭클랜드, 틴달, 스톡스 경, 레일리 경, 스포티스우드, 워런 드라뤼, 테이트, 포스터 그리고 독일 전기기술자 지멘스 등이 포함되었다. 당시 활동하던 거의 모든 과학자들이 참여했다고 해도 과언이 아닌 이 위원회는 실행주체로 기능하면서 과학 기구 전시회를 실제로 기획하고 또 준비했다. 이들은 우선 과학의 다섯 분과의 경계를 정하는 일과 전시회가 표방하는 '과학 기구'를 어디까지 적용할 것인가를 고민했다. 자문위원회에서 결정된 다섯 과학 분과는 다음과 같다:

① 분과: 순수 수학 혹은 응용 수학과 기계 도안을 포함한 기계학 (Me-chanics including Pure/Applied Mathematics & Mechanical Drawing)
② 분과: 물리학(Physics)
③ 분과: 금속학을 포함한 화학(Chemistry including Metallurgy)
④ 분과: 지질학, 광물학, 물리지리학 (Geology, and Mineralogy and Physical Geography)
⑤ 분과: 생물학(Biology)

자문위원회 아래에는 세부 프로그램 기획을 담당한 특별위원회를 두었고, 특별위원회는 관람객을 유치할 다양한 방안도 함께 마련했다. 과학 각 분과에 종사하거나 활동하는 전문가 그룹을 위해서는 컨퍼런스가 기획되었고, 힘든 노동을 마치고 저녁 시간을 활용해야 하는 노동자 계층을 위해서는 무료 저녁 강연이 마련되었다. 또한 과학 교사를 위해서는 과학 코스 강연과 과학 시범이 제공되었다. 이와 함께 전시회에 출품된 과학 기구 및 도구에 대해 간단하면서도 기초적인 지식을 소개하는 핸드북과 전시품을 자세히 설명하는 카탈로그도 출간·배포되었다.

당시 활동하던 대부분의 과학자들이 적극 참여하고 영국 정부가 주도한 과학기구특별대여전시회는 1876년 5월 공식 개관되었다. 그로부터 약 7개월 동안 두 개의 갤러리에 마련된 14개 전시실에서는 국내외에서 출품된 총 20,600종의 과학 기구 및 도구가 선보였다. 5월 14일자 「옵저버」에 따르면, 개관일에 빅토리아 여왕이 관람한 대표적인 전시품으로는 최초의 기관차 퍼핑빌리와 로킷, 켈빈 경이 사용한 조수계산기, 줄이 열의 일당량을 계산할 때 사용했던 기구, 돌튼의 실험 기구 그리고 물리학 분과의 최첨단 기구인 스펙트로스코프와 라디오미터 등이 있었다.

특별대여전시회 기간에는 다양한 계층을 위한 다채로운 프로그램이 기획되었다. 먼저 컨퍼런스는 물리과학에 종사하는 영국과 전 유럽의 유수 과학 종사자들이 직접 만나서 자신의 연구를 발표하고 토론할 수 있는 장으로 마련되었다. 그뿐만 아니라 각각 연구한 내용이 가장 빠르고 또 효과적으로 확산되는 무대이기도 했다. 컨퍼런스는 국내·외 물리과학 종사자들이 처음으로 만남을 가짐으로써 물리학, 화학, 생물학, 지구과학 분야가 사실상 과학 기구 및 도구를 활용하는 공통된 분야임을 인지하게 하였으며 나아가 물리과학에서의 진보가 곧 실험을 통해 이루어지는 것을 확인하게 하였다.

과학 코스 강연은 전국에서 선별된 교사 대상 프로그램으로, 국가가 공식적으로 교육을 관장하지 않는 상황에서 과학 교사를 위한 연수의 기능을 담당했다. 참가한 교사들은 과학에서의 놀라운 발전이 서적이 아닌 과학 기구, 도구, 표본, 모델, 모형, 지도의 사용으로 이루어졌음을 깨닫게 되었을 뿐만 아니라 그것을 활용하여 얻어진 물리과학에서의 다양한 최첨단 연구를 직접 접할 수도 있었다. 게다가 각 분야를 연구하는 과학자들과의 직접적인 만남을 통해 과학의 과정을 생생하게 체험했다. 한편 노동자 계층을 대상으로 한 무료 저녁 강연은 노동 대중 그 자신과 자녀의 기초 교육이 여전히 자선 단체나 종교 단체에 맡겨진 상황에서 실제적인 과학 및 기술 교육의 기회를 제공하였다.

특별대여전시회가 개최되는 동안 영국의 주요 일간지들은 전시회의 다양한 측면을 대대적으로 보도했다. 가장 우호적이던 「타임즈」를 선두로 일부 언론에서는 대여전시회가 영국 과학기술문화와 대중과학교육에 중요한 전환점이 될 것임을 격려하고 칭찬했다. 5월 13일자 「타임즈」는 과학기구전시회라는 이름으로 진행되는 과학박물관은 역사상 그 유래를 찾아볼 수 없으며, 이런 면에서 영국은 프랑스, 독일, 이탈리아에 비해 매우 월등하다고 평가했다. 「아카데미」 역시 사우스켄싱턴의 전시회는 가장 교육적이고 훌륭한 것으로 과학적 연구 방법에 대해서 거의 알지 못하는 일반 대중들로부터 많은 관심을 모으는데 결코 실패하지 않을 것이라고 기술했다. 심지어 칭찬에 인색하기로 유명한 비평지 「새터데이 리뷰」도 이 전시회는 과학의 역사에 한 획을 긋는 것으로 과학문화(science culture)에 매우 크고 긍정적인 영향을 끼칠 것에 의심의 여지가 없다고 평했다. 특별대여전시회는 또한 예외적으로 영국 정부의 지원을 받은 과학 행사였다는 중요한 특징을 갖고 있다. 5월 13일자 「아이런」은 대여전시회가 그동안 과학을 위해 아무 것도 행하지 않는다는 비난으로부터 영국 정부를 구해낼 것이라고 논평했다.

하지만 일부 언론에서는 대여전시회를 매우 비판적으로 바라보기도 했다. 전시회가 원래 계획했던 것보다 두 차례나 연기된 것에 대해 「이그재미너」는 그 시작부터 종료까지 전시회를 제안하고 준비한 일군의 과학자들과 아마도 영향력은 덜 하지만 더욱 과격한 과학자들 사이에 가장 비열한 형태의 싸움과 다툼의 연속이었다고 쓰고 있다. 심지어 전시회를 주관하던 과학자들을 부정할 수 없는 '국민 세금의 낭비자(indefensible waster of public money)'라고 폄하하기까지 했다.

특별대여전시회가 남긴 유산: 런던과학박물관의 출발

1년 3개월 동안 기획되어 추진되었던 1876년 과학기구특별대여전시회는 물리과학과 관련하여 여러 중요한 유산을 남겼다. 가장 주목할 만한 것으로는 대여전시회에서 선보였던 많은 전시품들이 사우스 켄싱턴에 그대로 남게 되었다는 것이다. 영국 국내는 물론 유럽 각국에서 출품된 물리과학과 기계과학 분야의 대표적인 과학 기구들이 기증이나 장기 대여, 복제 혹은 구매라는 방법을 통해 보존된 것이다. 그리고 이것들은 이후 런던과학박물관의 핵심 소장품을 이루게 되었다. 전시회 도중 혹은 종료 후에 전체 출품자의 약 12%에 해당하는 160개의 기관과 단체가 전시품을 기증하거나 복제를 통한 기증을 허락했다. 과학 단체 중에서는 스페인 마드리드의 과학아카데미가 13세기에 사용했던 천문학 도서를 기증했고, 이탈리아 위원회는 이탈리아의 여러 대학교와 박물관이 소장하던 과학기구를 찍은 사진을 남겨놓았으며, 러시아 전보국은 각종 절연체의 표본을 기증했다. 파리의 브르동은 압력, 속도, 무게를 재는 기구를 기증했고, 뮌헨의 브릴은 2차 방정식 모델을 기증했다.

전시품 일부는 전시회 폐막 이후에도 장기 대여라는 방법으로 계속 박물관에 남았다. 개인 과학자로는 줄이 열의 역학적 등가량을 결정할 때 사용한 물리 실험기구를, 켈빈 경이 조류를 계산한 기계를 포함한 여러 가지의 과학 발명품을, 워런 드 라 뤼가 본인이 사용했던 천문학적 기구와 사진을, 매스켈린은 결정학 사진과 그림을 각각 대여한 후에 나중에 기증했다. 전시물 중 특히 과학사적으로 중요한 것들은 지하 작업실에서 직접 복제되었는데 복제품 중에는 라브와지에가 발명하여 사용하였던 칼로리미터와 얀센의 복합 망원경, 줄의 열기구, 앙페르의 전기표 그리고 티코 브라헤의 천문학 기구인 사분의가 있었다.

대여전시회가 남긴 또 다른 유산은 스포티스우드가 강조했듯이 과학의 역사에서 한 획을 긋는 사건으로서 영국의 과학문화에 유익하고 깊은 영향을 끼친 것이다. 전시회는 과학자에서부터 일반 대중에 이르기까지 대상별로 차별화된 프로그램을 마련함으로써 전시물과 관람객 사이의 적극적인 소통을 시도했다. 과학 컬렉션이 단지 보여지는 수동적인 존재가 아니라 보다 적극적인 소통의 주체가 될 수 있음을 보여주었던 것이다.

나아가 대여전시회는 물리과학의 진보가 과학 기구와 도구를 사용하는 실험을 통해 이루어지고 있음을 실제로 보여주었다. 아직 학교교육을 통한 체계적인 과학의 대중화가 이루어지지도 않고, 유행하던 과학 잡지 및 과학 서적들이 상대적으로 자연사의 전통에 머물러있던 상황에서 실험 기구와 도구를 통해 물리과학을 보여주었으며, 물리과학이 실험을 통해 진보한다는 것을 보여 주었다. 또한 물리과학에 속하는 물리학, 생물학, 화학, 지구과학, 수학이 실험이라는 공통점을 갖고 있음을 인식할 수 있도록 해주었다.

이상의 논의들은 이제까지 런던과학박물관의 역사를 다룬 연구에서는 거의 언급되지 않았다. 일반적으로 런던과학박물관은 19세기 중반 무렵에 그레이트 엑스포 혹은 사우스 켄싱턴 박물관으로부터 출발한 것으로 기술된다. 시기적으로 가장 먼저 발간된 그리너웨이의 『과학박물관의 간단한 역사』에서는 사우스 켄싱턴 박물관과 런던과학박물관의 시작을 동일시 한다. 그는 사우스 켄싱턴 박물관이 그레이트 엑스포를 통해 다양한 과학 관련 기예품 및 산업품을 소장하게 되었고, 그것이 이후 런던과학박물관의 주요 컬렉션을 형성하였다고 파악하고 있다. 이러한 입장은 이후 데이가 기술한 『과학박물관의 소략사』나 과학박물관이 출간한 『과학박물관: 초기 100년 동안』에서도 동일하게 나타나며, 지금까지 가장 체계적인 과학박물관의 역사를 기술한 것으로 평가되는 폴렛의 기본 입장과도 전혀 다르지 않다.

그러나 이러한 기존의 입장은 과학박물관의 핵심 소장품 획득의 계기가 그레이트 엑스포가 아니라 1876년 과학기구특별대여전시회라는 점을 간과하고 있다. 앞서 살펴보았던 것처럼 사우스 켄싱턴 박물관의 과학 컬렉션과 특허국 박물관의 발명품 컬렉션이 부분적으로 런던과학박물관의 소장품으로 남게 되지만 그것은 매우 일부에 불과하다. 만약 주요 소장품의 획득과 소장을 과학박물관의 주된 기능이자 시작으로 본다면, 그것은 바로 1876년 과학기구특별대여전시회인 것이다. 게다가 대여전시회는 서로 분리되어있던 사우스 켄싱턴 박물관의 과학 컬렉션과 특허국 박물관의 기계발명품 컬렉션을 하나로 통합했을 뿐만 아니라 대여전시회는 오늘날 런던과학박물관이 위치한 바로 그 장소에서 개최되기까지 했다.

여기서 나아가 대여전시회는 과학박물관의 주된 기능이 전시품의 획득과 소장 및 전시에만 있는 것이 아니라 전시물과 관람객들 사이의 적극적인 소통에 있다는 것을 처음으로 인지하고 또 실천한 전시회이기도 했다. 과학 연구를 직접 수행한 과학자들이 직접 전시물 앞에 나서서 과학 기구를 통해 얻어진 과학적 내용을 설명한 것이다. 또한 다양한 계층을 대상으로 차별화한 프로그램도 처음으로 기획하여 추진했다. 과학박물관이 소장품의 수집과 보관 및 연구의 기능을 넘어 대중을 위한 교육과 문화의 기능을 수행할 수 있음을 보여 주었던 것이다.

여기서 나아가 대여전시회 기간 동안 영구적인 과학박물관 건립의 필요성에 대해 폭넓은 공감대가 형성되었으며, 실제로 과학자들의 주장과 실천도 뒤따랐다. 전시물 확보를 위해 구매기금위원회가 조직되었으며 영구적인 과학박물관 건립을 촉구하는 과학자들의 청원서 서명운동도 전개되었다. 이들 움직임은 비록 성공을 거두지는 못했지만, 과학박물관 설립을 사회적 이슈로 부각시킴으로써 정부 차원에서 활발한 논의가 진행되도록 했다.

이상에서 살펴볼 때 1876년 과학기구특별대여전시회는 과학 기구와 도구라는 실체를 통해 물리과학을 대규모 대중에게 전달하려던 과학 대중화의 주요 경로였다. 또한 과학 박물관의 가치와 필요성을 과학자뿐만 아니라 전체 사회에 폭넓게 인식시킴으로써 한 번도 제대로 표현되지 못한 채 수동적인 존재였던 과학컬렉션을 예술품 컬렉션 못지 않은 대중의 적극적인 관심의 대상으로 변모시킨 것이다.

04

과학박물관과 과학센터

| 개념과 기능의 진화

세계의 유명한 과학박물관/과학센터

■ 영국

세계인이 사랑하는 도시 영국 런던에는 세계 각지에서 여행 온 사람들이 필수적으로 방문하는 하이드 파크가 있다. 공원 남쪽으로는 1851년 그레이트 엑스포를 성공적으로 개최하고 남긴 이익금으로 사들인 과학의 메카, 사우스 켄싱턴 지역이 펼쳐져있다. 대표적인 도로인 전시회 거리(Exhibition Road)는 이 지역이 전시회가 풍부한 거리임을 의미한다. 산업혁명이 한창 진행된 19세기에 과학과 기술이라는 첨단의 새로운 볼거리들을 소개했던 이 거리에는 영국의 과학기술과 산업을 대표하는 세 개의 과학박물관이 자리하고 있다. 현대의 시작을 알렸던 기계와 발명품부터 물리과학의 근간이 되는 기초과학과 수학 그리고 첨단 기술까지 다루는 런던과학박물관, 생명과학과 해양, 우주 등 지구과학의 신비를 다루는 런던자연사박물관 그리고 과학기술이 산업 및 예술에 응용된 역사 및 그 작품을 전시하는 빅토리아&앨버트 박물관은 영국의 과학과 기술 그리고 역사를 대표하는 과학기술문화 상품으로 전 세계인의 관심을 모으고 있다. 이와 나란히 세계 최고의 과학기술 두뇌와 연구 실적을 자랑하는 런던대학교 임피리얼 칼리지가 위치해있으며, 19세 이상의 성인을 대상으로 과학기술 강연과 토론을 벌이는 '먹고, 마시고 이야기하자'는 모토의 다나 센터도 들어서 있다.

런던과학박물관은 18세기 조지 Ⅲ세가 수집한 과학 기구 컬렉션과 함께 시계, 천구의, 각종 농기계를 비롯하여 최초의 증기 엔진을 선보인다. 또한 물리학, 화학, 수학 등 기초과학을 비롯해 신소재 및 우주항공과 정보기술을 다루고 있다. 20세기 초반에는 전기 공학자 오스카 폰 밀러가 주도한 독일 도이체스 박물관의 영향을 받아 많은 개혁을 추진했다. 특히 라이언즈 경은 관장으로 재임하던 1931년에 어린이 갤러리를 개관하여 과학박물관을 보다 대중적인 문화 공간으로 변모시켰다.

조지 III세 컬렉션을 다룬 책의 표지

런던과학박물관에서 도르래의 원리를 체험하는 1930년대 어린이들

간단하면서도 흥미로운 전시와 함께 오늘날의 체험 형태와 유사한 여러 가지 작동 모델을 활용한 어린이 갤러리는 개관 당시 대단한 인기를 모았다. 1980년대부터는 북미대륙에 등장한 과학센터의 영향을 받아 론치패드관을 새롭게 개관하여 특별히 고안된 핸즈-온 전시물을 통해 과학 원리에 대한 과학 교육기능을 수행해오고 있다. 런던과학박물관은 그 오랜 역사가 말해주듯이 과학사적으로 중요한 소장품들을 수집하고 보관하는 기능과 함께 과학 컬렉션이 사회문화적 맥락 속에서 갖는 의미를 이해하고, 해석하는 노력 또한 기울이고 있다.

'자연의 성당'이라는 별명과 로마식 외관 건물로 유명한 런던자연사박물관은 한스 슬로안 경이 주노한 대영박물관의 자연사 컬렉션에서 시작되었으며, 1856년에 오웬이 자연사 담당 국장으로 임명되면서 오늘날의 모습을 갖추었다. 그는 지질학, 식물학, 동물학, 광물학 등 각 분야를 담당하는 큐레이터라는 직책을 처음으로 도입하였으며, 독자적인 자연사박물관 건립에 많은 노력을 경주했다. 박물관에는 19세기 생물학 혁명의 두 주인공인 헉슬리와 다윈의 동상이 서 있으며 중앙 홀에는 거대한 디플로도커스 공룡 화석이 자리하고 있다. 오늘날

런던자연사박물관의 전경

이곳에는 식물학자 뱅크스가 제임스 쿡 선장과 함께 인데버호로 탐사하고 획득한 표본을 포함해 다윈이 수집한 표본 그리고 과학적이고 역사적인 7천만 개 이상의 표본 및 소장품이 있다. 또한 350명의 자연사 관련 과학자들이 직접 과학 탐구와 연구 및 전시를 담당하고 있다.

자연사 박물관에서는 그 화려한 외관에 걸맞게 다채로운 행사가 연중 개최된다. 런던패션주간에는 세계적인 패션쇼가 열리고 결혼식 등 각종 연회가 개최되기도 하며 과학자들과 시민들의 직접적인 만남을 통한 과학 교육도 이루어진다. 또한 각 급 학교 커리큘럼과의 연계를 통해 학생들이 과학 교육을 체험하게 하며, 특히 교사들을 위한 생명과학 및 지구과학 관련 자료와 리소스를 구비하여 대여해주는 등 학교 교육을 지원하고 있다. 대표적인 프로그램으로는 과학자들이 직접 연구한 내용들을 일반 시민들에게 설명하고 시민들로부터 질문을 받는 '자연이 살아있다'와 과학의 역사에서 중요한 업적을 남긴 과학자들과 동일한 복장을 한 배우들이 과학자로 변장하여 과학적 발견을 재현하는 '주인공 갤러리'가 있다. 상설전시관으로는 지구 내부의 화산 활동이 우리의 삶을 어떻게 변화시키는지에 대해 생각케 하는 '지구실험실'과 실제 동물의 박제나 조개 화석 등 자연사와 관련된 다양한 표본들을 직접 만지고 느껴볼 수 있는 '어린이 탐구관'이 있다.

런던이 아닌 지역을 대표하는 과학박물관으로는 잉글랜드의 서쪽 스완지라는 해안도시에 설립된 스완지 박물관이 있다. 작은 어촌마을에서 최첨단 산업도시로 탈바꿈한 이곳은 웨일즈 지역에서 두 번째로 큰 도시로 스완지 박물관은 도시가 변화해 온 시간을 고스란히 반영

런던자연사박물관을 상징하는 거대한 공룡 화석

하고 있다. 이 박물관은 1841년에 과학과 예술 그리고 역사의 다양한 측면을 탐구하고 논의한 지식인들이 활동하였던 남웨일즈 왕립연구소가 설립한 곳으로 지역의 과학기술 향상과 과학기술문화 확산을 담당해 왔다.

하지만 제1, 2차 세계대전과 1950년대를 겪으면서 도시 전체는 심각한 경제적 침체와 인구 감소에 직면하였고, 스완지 박물관 역시 폐관을 눈앞에 두고 있었다. 이에 1991년 스완지시는 대대적인 도시 부활 프로젝트를 추진했는데 거기에는 스완지 박물관 재개발도 포함되었다. 시 당국이 적극적으로 웨일즈 개발기구, 박물관과 미술관 특별위원회, 울프슨 재단, 박물관청과 함께 예산을 마련하였으며, 스완지 박물관 건물을 대대적으로 개조하였고 국립해안가박물관도 새로 설립하게 되었다. 이렇게 다시 탄생한 스완지 박물관은 웨일즈 지역에서 가장 오래된 박물관으로 지역의 역사와 산업의 산실로 자리잡았다. 과학기술과 산업을 통해 살아온 지역민의 역사를 다음 세대에게 전함으로써 지역공동체 의식을 함양시킬 뿐만 아니라 관광객들을 유치해지역의 경제 회생도 돕고 있는 것이다.

■ 북아메리카

미국을 비롯한 북아메리카의 과학박물관은 개인 소장 컬렉션을 토대로 출발한 유럽의 과학박물관과 다르게 처음부터 지방정부나 과학자 관련 단체 또는 대학의 주도하에 설립되었다. 미국을 대표하는 과학박물관으로는 워싱턴에 위치한 자연사박물관과 항공우주박물관 등이 있는데 이곳은 영국의 부유한 귀족 자제였던 제임스 스미손이 남긴 거대한 유산으로 설립된 스미소니언 재단에 속해있다. 스미소니언 재단은 유용한 지식을 널리 확산하고 이해시키기 위해서 20개의 과학과 문화 그리고 교육기관을 설립하여 운영 중이다. 하지만, 특이하게도 스미소니언 재단에 속한 기관들 중에는 과학박물관이라는 이름의 기관이 존재하지 않는데, 이는 역사적 소장품들을 통해 과거를 기념할 것인가 아니면 현재의 특정한 첨단 과학기술을 보여줄 것인가라는 두 기본 방향을 두고 심각한 논의가 있었기 때문이다. 미국의 과학 관련 기관은 전시품의 수집과 소장을 우선 기능으로 여기는 유럽의 과학박물관과는 대조적으로 체험형 과학센터로 진화·발전했다.

체험형 과학센터의 전형은 무엇보다 미국 샌프란시스코에 설립된 익스플로라토리윰이다. 이곳은 비밀리에 핵폭탄 개발 프로젝트에 형 로버트 오펜하이머와 함께 참가하였던 원자 물리학자 프랭크 오펜하이머의 주도로 설립되었다. 그는 특히 어린이들에게 압력, 온도, 빛의 편광과 같은 과학적 개념을 어떻게 경험시키고 이해하게 할 것인지에 대해 고민하다가 1965년 구겐하임 연구비로 유럽을 여행하게 되었다. 런던과학박물관의 어린이 갤러리와 도이체스 박물관 등을 방문한 그는 미국에 필요한 것이 관람객들이 전시물을 만지고 사용하면서 자연세계를 직접 탐구하는 것이라는 결론에 도달했고, 1969년에 샌프란시스코 미술관 건물에 최초의 과학센터인 익스플로라토리움을 설립하게 되었다.

오펜하이머는 별도의 공간을 새로 마련하는 대신 미술관 건물을 그대로 활용하였으며, 전시물을 화려하고 근사하게 만드는 것보다는 관람객에게 호기심과 탐구하고 싶은 마음을 불러일으키도록 전시물을 제작하는 데 더 관심을 두었다. 그의 전시는 사람들의 인지 경로에 기초했으며, 전시 공간도 사람들에게 익숙한 터치(감각), 빛, 소리, 색, 맛, 동물 행동으로 구분했다. 그는 관람객들이 자연세계를 더 잘 이해하도록 단순히 과학체험전시물을 던져 주는 것에 그치지 않고, '설명자' 제도를 새로이 도입했다. 설명자는 전시물에 대한 지식과 정보를 제공하는 조력자로서 대개 고등학생들이 담당하는데, 이들은 보통 4개월 단위로 자원봉사를 수행했다.

익스플로라토리움의 기본 철학은 자연에 대한 이해를 가로막는 모든 장벽을 낮추는 것으로 1974년에는 <예술가 레지던스> 프로그램을 선도적으로 기획했다. 이후 과학자들과 예술가들이 분야의 경계를 넘

미국 익스플로라토리움의 체험 전시

어 전시물을 기획하는 방식은 익스플로라토리움의 주요 특징으로 자리잡았다.

열린 공간에서 관람객들이 과학적 기초 원리를 설명하는 작동물을 자유롭게 이해할 수 있도록 한 익스플로라토리움은 이후 북미대륙과 호주 등에 많은 영향을 주었다. 또한 일본, 중국, 태국 등 아시아에 새롭게 들어서는 과학박물관이 체험형 과학센터를 표방하면서 청소년과 일반인을 위한 학교 밖 과학 교육의 현장으로 변모하는 데도 커다란 역할을 했다. 게다가 '과학과 예술 그리고 인간의 인지를 위한 박물관'이라는 부제에 어울리도록 교사, 부모, 예술가, 과학자, 십대 청소년, 박물관 전문가 등 다양한 대상을 위한 프로그램도 체계적으로 개발하여 운영함으로써 과학에 대한 진정한 즐거움을 발견하도록 하고 있다.

■ 일본

일본 교토시 동쪽 시가현 중심에는 10년이라는 오랜 준비기간을 거쳐 1996년에 개관한 비와호수 박물관이 자리하고 있다. 시가현과 교토시에 거주하는 1,400만 명의 식수원이자 일본에서 가장 큰 호수인 비와호수 한쪽에 위치한 이 박물관은 1970년대 중반부터 일기 시작한 지방자치단체 주도의 과학관 및 박물관 설립의 붐을 타고 조성되었다. '인간과 호수'라는 부제로 더 유명한 이곳은 호수를 주제로 한 해양과학 및 지구과학의 내용이 다양한 체험 시설과 함께 전시되어 있다. 비와호수 주변에 서식했던 동·식물 화석 및 현재 서식하는 동·식물은 물론 비와호수 형성과 관련한 지질학적 자료와 비와호수를 오염시키는 쓰레기에 이르기까지 다양한 전시물이 있다. 특이한 점은 비와호수를 주된 삶의 근거지로 활동해 온 지역민의 생생한 생활사가 과학과 조화롭게 융합되어 있다는 것이다.

비와호수 박물관은 크게 세 가지 기능을 표방하고 있다. 첫째, 호수와 연관된 각종 관련 자료를 수집하고 연구하며 교류하는 세계적 과학연구기관이 되는 것이다. 둘째, 호수라는 자연 환경과 더불어 생활해 온 지역민들의 이야기가 공유되고 전달되며 표현되는 역사적인 문화센터를 표방한다. 그리고 마지막으로는 남녀노소 모두가 미래를 대비하는 데 필수적인 독창성과 생동감을 배양할 수 있는 평생과학학습시설을 지향한다. 실제로 비와호수 박물관은 지역민들의 수요를 이끌어내고 참여를 촉진하기 위해 다양한 지역이벤트를 개최하며, 호수와 같이 해 온 지역민의 스토리를 모으고, 주변환경과 상호공존을 고민하는 기회를 제공한다. 지역민들은 박물관에서 과학과 만나고 질문하면서 창조성에 대한 영감을 얻고 새로운 가치관을 창출한다. 일본 전역뿐만 아니라 해외에서도 50만 명 이상이 방문하는 이곳은 오늘날 일본의 대표적 관광명소이자 미래를 위한 공간으로 기능하고 있다.

일본 동경 오다이바현에는 첨단과학기술을 중심으로 체험형 과학센터를 표방하여 2001년에 개관한 미래과학혁신박물관, 일명 동경 미라이칸(미래관)이 있다. 일본 최초 우주인인 모리 마모루 박사가 관장으로 임용되어 개관 전부터 세계인들의 관심을 끌었던 이곳은 지구 환경과 프런티어, 정보과학기술과 사회, 기술혁신과 미래, 생명과학과 인간이라는 네 가지 주제를 주된 내용으로 다루고 있다. 특히 세계의 기후와 지구의 온도를 실시간 위성으로 보여주는 직경 6.5m의 지구본 지오코스모스는 미라이칸의 상징적 조형물이자 최첨단 과학전시물이다.

지오코스모스 주변에는 기술과 예술의 융합 작품인 사카모토 류이치의 음악이 울려 퍼지는데 마치 거대한 우주 속에 들어온 듯한 환상을 느끼게 해준다. 시시각각으로 변화하는 지오코스모스는 지구온난

미라이칸의 지오코스모스와 퇴직한 자원봉사자들

화 등의 글로벌 이슈에 관해 생각하게 하고 로봇 아시모는 각 급 학교 학생들에게 로봇과학자의 꿈을 키우게 한다.

체험형 전시물 못지않은 미라이칸의 주요 특징은 퇴직한 과학자들을 활용하는 자원봉사제도이다. 현재는 은퇴 과학자, 과학 교사, 학생 등 약 800여 명이 과학 커뮤니케이터 교육을 이수한 후 자원봉사자로 활동 중이다. 이들은 주 1회 정도 활동하며 전시 해설, 체험관 실험 보조, 기획 이벤트 운영, 아동과 학생을 위한 견학 자료집 제작 등에 참여한다. 자원봉사자들에게는 최신과학기술 관련 정보와 자료가 지속적으로 제공되며, 다른 과학박물관이나 기타 박물관 등과 연계된 포럼 및 교육 세미나에 참가할 수 있는 기회도 마련된다.

이상에서 살펴본 것처럼 영국과 미국 그리고 일본에서의 과학박물관은 여러 기능을 담당한다. 영국의 경우에는 한 국가의 과학과 산업기술이 펼쳐온 화려한 위상을 상징하고, 특정 지역의 산업과 삶의 역사를 보여주며, 퇴락한 지역 경제를 활성화시키는 관광 상품이 되기도 한다. 미국의 경우에는 과학 원리에 대한 과학 교육의 기능을 담당하며 과학 교사에게 학습을 위한 과학 리소스와 연수의 기회를 제공한다. 일본에서는 퇴직한 과학자들에게 자신들의 오랜 경험을 바탕으로 사회 봉사를 실천할 수 있는 기회를 마련해주며, 지역민뿐만 아니라 지역을 찾는 관람객들에게 첨단 과학기술이 가져올 사회적 변화를 생각하고 토론할 수 있는 여가의 장으로 기능한다.

과학박물관에서 과학센터로의 진화

■ 고대부터 현대까지: 과학박물관의 역사

헬레니즘 시대의 상징으로 고대 이집트의 알렉산드리아에는 뮤세이온(Museion)이라는 박물관이 설립되었다. '지혜의 신을 모신다'는 뜻의 이곳은 방대한 책을 구비한 도서관과 다양한 식물을 재배하는 식물원 그리고 하늘의 천체를 관측하는 천문대 등을 구비하였지만, 사실 근대적 의미의 과학박물관은 16세기에 출현했다. 사고의 자유를 추구하는 르네상스의 흐름 속에서 영국의 과학자이자 철학자인 프란시스 베이컨은 자신의 저서 『뉴아틀란티스』에서 참된 과학적 지식을 얻는 방법으로 실험을 주창했다. 나아가 그는 새로운 지식을 얻게 하는 실험적 도구와 그 결과물을 한 곳에 모아서 보관할 것을 제안하였는데, 그의 아이디어는 곧 '호기심의 상자(cabinet of curiosities)'라는 이름으로 등장했다. 특이하거나 희귀한 동식물의 표본과 각종 실험용 도구를 한 곳에 모아놓고 소수에게만 공개했던 '호기심의 상자'는 곧 유럽으로 확산되었으며, 특히 독일에서는 '놀라운 방(Wonder-Room)'으로 불렸다.

주로 부유한 개인의 호기심에서 시작되었던 소규모의 초기 과학박물관들은 개인주의와 상업주의가 성행하던 르네상스 시대를 거쳐 18세기 중반까지 꾸준히 인기를 모았다. 당시의 대표적인 수집가들 중 한 사람인 한스 슬로안 경은 자신의 저택에 지인들을 초청하여 특이한 전시품을 보여주면서 그 권위와 부를 뽐내곤 했다. 영국 국왕 조지 3세 역시 진공펌프와 정교한 시계 등 과학 기구를 소장하는 데 대단한 열정을 보였는데, 그 소장품들은 오늘날 런던과학박물관을 대표하는 특별 전시품으로 세계인의 관심을 모으고 있다.

18~19세기의 경쟁적인 지리탐험은 유럽에서 서식하지 않는 특이한 동·식물 표본을 대규모로 획득하는 매우 좋은 기회였다. 여기에 19세기의 산업혁명은 각종 과학기술 관련 기구 및 도구와 산업용 기계 모형을 새롭게 첨가했다. 특허 받은 기계류와 모형 및 모델이 등장하면서 독자적인 과학기술 및 산업용 컬렉션이 가능해졌고, 1794년 파리에는 국가 차원에서 산업을 증진시킨다는 목적으로 국립기예박물관이 들어섰다. 프랑스 대혁명기라는 복잡한 정국 속에서 개관되었던 이곳에는 주로 공화국의 기술과 상업 현장에서 사용되던 각종 기계류와 모델, 그림, 도안, 산업용품과 발명품들이 전시되었다. 이곳은 기술자들에게 기계의 작동 원리를 부분적으로 설명하거나 관련 분야를 구체적으로 안내하기 위한 도서관도 구비하고 있었다.

유럽의 15개국과 인도 및 중국까지 참가한 1851년 런던 그레이트 엑스포는 과학과 산업 관련 컬렉션을 확장하는 중요한 계기가 되었다. 이들 과학 관련 컬렉션은 19세기에 과학이 전문직업화되면서 유럽 이외의 국가들로 널리 확산되었고 특히 독일에서는 제1, 2차 세계대전 기간에 국민적 통합과 독일인의 우월성을 보여주는 상징적 공간으로 도이체스 박물관을 설립했다. 뮌헨시 당국과 대학 및 산업체간의 협력을 통해 1925년에 개관된 이곳은 과학 및 기술 전시품들을 보여주는 데 그치지 않고 과학적 원리를 체험하는 새로운 방식을 도입했다. 유리 상자를 통해 전시물의 작동 원리를 보여주는 디오라마 방식이 처음 등장했으며, 소규모 그룹이 직접 실험을 통해 과학적 원리를 체험하는 과학교실도 개설되었다.

도이체스 박물관은 이후 미국을 비롯한 북아메리카 대륙에서의 과학 및 기술 박물관의 설립을 자극했는데 전통적인 과학박물관이 아닌 새로운 개념의 과학센터가 출현하게 되었고, 1933년에 설립된 시카고 과학산업박물관은 그 중간 정도의 단계에 해당한다. 미국의 자선 사업가 로젠왈드는 도이체스 박물관에 데려간 어린 아들이 작동하는 과학 전시물에 대단한 흥미를 보이자, 작동 전시물을 보강한 새로운 형태의 과학박물관을 설립했는데, 그것이 바로 시카고의 과학산업박물관이었다. 이 시기에 런던과학박물관 역시 어린이 갤러리를 새롭게 개관함으로써 시대적 흐름에 부응했다.

1960년대에는 만져보는 과학, 체험하는 과학을 표방하는 본격적인 과학센터인 익스플로라토리움이 출현했고, 프랑스에는 나중에 르 유니베르시앙세로 통합된 라빌레트가, 호주에는 퀘스타콘이, 그리고 캐나다에는 온타리오 사이언스 센터가 속속 출현했다. 1980년대에 설립된 이들 과학센터의 특징은 과학기술만이 아닌 과학기술과 인문사회 및 문화예술이 접목된 대중적 문화 행사로서의 과학 전시를 선보였다는 것이며, 또한 전시와 연관된 다채로운 대중 강연과 워크숍 등의 별도 프로그램이 마련되었다는 것이다. 1990년대 들어 이들 과학센터는 전통적인 과학박물관의 기능을 부분적으로 수용한 절충형 과학센터의 가능성을 탐색하기 시작했다. 체험형 과학센터에서는 전시물에 대한 이해가 기본적으로 관람객에게 달려있을 뿐만 아니라 특정한 과학적

호주 퀘스타콘 사이언스 서커스 과학차

원리를 체험하는 작동물이 과학 그 자체의 맥락 속에만 머물러있는 한계를 갖고 있었기 때문이다.

2000년대 들어서면서 과학박물관에는 많은 변화가 일어나고 있다. 이는 과학기술이 기후 변화, 물, 질병, 에너지, 식량 등 전 지구와 인류가 안고 있는 글로벌한 이슈와 밀접하게 연관될 뿐만 아니라 우리 삶의 매우 중요한 일부라는 인식에 근거하고 있다. 여기에서 청소년과 일반인들이 과학을 접하는 공간인 과학박물관이 과학과 사회를 연결하는 적극적인 소통의 장이어야 한다는 자각의 목소리가 나타나기 시작했다. 과학기술은 그 자체의 맥락이 아닌 폭넓은 사회문화적 맥락 속에서 다루어져야하고 미래의 지속가능성도 염두에 두면서 다루어져야 한다는 것이다. 이러한 배경 속에서 등장한 것이 바로 런던의 다나센터로, 이곳은 19세 이상의 성인만을 대상으로 한 과학박물관을 표방하여 '먹고 마시고 과학을 이야기하자'라는 모토 아래 과학기술과 연관된 주요 사회적 이슈를 다루고 있다. 1층에 마련된 사이언스 바에서는 젊은이들이 실제로 맥주와 와인, 음료 등을 마시면서 줄기세포, 로봇, 기후 변화, IT 기술, 도시 팽창, 비만, 소수민족 등의 이슈로 과학자와 함께 토론한다. 최근에는 과학기술과 인구, 노령화, 주택, 연금 등의 사회문제 등이 뒤섞인 '영국에서 적당한 가족의 크기는 몇 명인가'라는 주제가 다루어지기도 했다.

■ 과학박물관 개념의 진화: 아이즈-온에서 필즈-온으로

소규모의 과학 컬렉션에서 시작된 과학박물관이 과학센터로 진화·발전하는 동안 과학박물관이 기초로 하는 철학이나 기본 개념도 많은 변화를 거쳤다. 과학박물관이 설립된 초기에는 특이하고 기이한 것들을 한 곳에 모아 관람객에게 보여주는 이른바 눈으로 보는 과학, 아이즈-온 사이언스(Eyes-On Science)개념이 표방되었다. '수집품의 시대(age of collection)'라 부를 수 있는 시기에 적절한 아이즈-온 사이언스는 관람객들이 선별된 전시물의 경로를 따라 이동하면서 전달되는 메시지를 수동적으로 받아들이는 특징이 있다. 이 시기에는 과학박물관의 기능이 주로 컬렉션의 수집 및 보관이었으며 컬렉션과 연관된 연구와 전시는 부분적으로 수행되는 부차적 기능으로 이해되었다.

20세기 중반에는 관람사에게 보다 적극적인 역할을 요구하는 체험하는 과학, 핸즈-온 사이언스(Hands-On Science)개념이 출현하였다. 핸즈-온 사이언스는 관람객에게 다양한 작동 전시물들을 던져주고 관람객이 스스로 체험을 통해 과학을 이해하도록 했다. 이러한 개념은 익스플로라토리움에서 거의 완벽하게 실현되었으며, 과학센터는 만지고 조작하는 놀이를 통해 자연스럽게 과학을 배우는 '과학 오락의 시대(age of entertainment)'를 열었다. 과학센터에서는 전통적인 과학박물관의 보관과 수집 기능보다는 전시물을 통해 과학적 원리를 교육하는 기능이 강조되었다.

1980년대에는 이해하는 과학, 마인즈-온 사이언스(Minds-On Science) 개념이 새롭게 출현했다. 마인즈-온 사이언스는 작동 전시물을 그냥 두었을 때 전시물에 대한 관람객의 이해가 충분하지 않다는 것을 자각하면서 출현한 개념으로 작동물에 대한 체험과 학습을 풍부하게 도와주는 역할이 더해진 것이다. 작동 전시물에 숨어있는 과학적 원리를 체계적으로 설명하는 도우미 제도나 보조 강연이 이러한 개념을 구현한 것이다. 주로 북아메리카 대륙에 설립된 과학센터 영향을 받아 새롭게 도입된 런던과학박물관의 론치패드와 미국 항공우주박물관 및 동경 미라이칸의 자원봉사제도는 바야흐로 과학박물관이 대중을 위한 '과학 교육의 시대(age of education)'의 주요 장으로 자리매김하게 되었음을 보여주고 있다.

하지만 우리가 살고 있는 21세기에 과학은 단순히 보고 즐기며 이해하는 대상이 아니라 그 이상이다. 과학은 스티브 잡스가 앓았던 췌장암과 같은 불치병이 극복되는 장밋빛 미래를 약속하기도 하고, 사이버 세상에 중독되어 가상과 현실을 구분하지 못하는 어린이를 만들기도 한다. 과학은 기술과의 접목을 통해 인류에게 엄청난 물질적 풍요를 가져다주었지만 동시에 그 누구도 예측하지 못한 기후 변화와 같은 심각한 문제들도 야기하고 있다. 그럼에도 과학은 새롭게 제기되는 많은 문제들을 해결할 수 있는 여전히 가장 강력한 힘이기도 하다. 이러한 이유로 과학은 체계적으로 지원되어야 하고, 지속적으로 연구되어야 하며, 폭넓게 이해되어야 하는 중요한 인류의 활동인 것이다. 21세기 인류의 꿈이 아름답고 깨끗한 지구에서 편리하게 행복하고 건강한 삶을 추구하는 것이라면 과학기술에 대한 이해와 지지 그리고 참여와 실천은 더욱 절실하다.

여기에서 과학박물관의 완전히 새로운 개념이 등장하게 되는데 그것은 바로 느끼는 과학, 필즈–온 사이언스(Feels–On Science)이다. 필즈–온 사이언스는 인류 역사 속에서의 과학, 우리 사회 속에서의 과학, 다가올 미래 속에서의 과학이 갖는 다양한 측면들을 과학만이 아닌 인문·사회·문화·예술과 함께 제시함으로써 과학박물관 혹은 과학센터가 보통 사람들을 위한 과학기술문화의 공간으로 변화할 것을 권고하고 있다. 또한 필즈–온 사이언스는 과학박물관이 창조성의 영감을 불러일으키는 지식 창출의 공간, 혁신적인 가치관이 공유되고 전달되는 지식 공유의 공간으로 자리매김할 것을 제안한다.

오늘날 과학박물관 혹은 과학센터는 이미 밝혀진 과학 지식을 체험을 통해 쉽게 설명하고 이해하게 하는, 과학에 대한 대중이해(Public Understanding of Science)에서 나아가 현재 진행되고 있는 과학 연구가 가야할 방향에 대해 다양한 주체가 의견을 소통하는, 과학 연구에 대한 대중이해(Public Understanding of Research)도 담당해야 한다. 또한 과학이 우리 사회에 영향을 미치는 만큼 우리 사회 역시 과학기술의 방향을 제안하는 적극적인 쌍방향 커뮤니케이션의 장이 되어야 한다. 필즈–온 사이언스 개념은 이른바 '과학 공감의 시대(age of appreciation)'를 새롭게 열고 있으며 과학박물관이 우리 모두를 위한 문화적 공간으로 재탄생하길 기대한다. 필즈–온 사이언스는 과학 전시품의 수집과 과학 오락의 기능을 넘어 대중적 과학 교육을 포함하는 과학 실천의 시대를 열고 있는 것이다.

■ 과학박물관/과학센터가 수행하는 기능들

1991년 세계 박물관 협회는 박물관을 '공공의 목적을 위해 전시품을 소장하고, 정리하며, 보존하고 이를 해석하여 정보로 제공하는 기관'으로 정의하고 있지만, 과학박물관은 그 이상의 기능들을 수행해오고 있다. 오늘날의 박물관, 특히 과학박물관은 민주시민들이 정보와 지식을 얻는 문화적 공간이자 미래와의 소통의 공간으로서 기능한다. 앞서 살펴본 해외 유수 과학박물관들의 사례와 과학박물관의 탄생 및 역사 그리고 그것들의 바탕이 되는 개념의 진화를 통해 살펴볼 때 과학박물관 혹은 과학센터는 크게 교육적 기능, 사회·문화적 기능, 경제적 기능 그리고 정치적 기능을 수행한다.

먼저 대부분의 과학박물관 또는 과학센터는 분명한 설립 목표를 가지고 있는데, 그것은 과학기술의 본질과 내용 그리고 과학기술이 우리의 미래에 미칠 영향에 대해 일반 시민에게 교육하는 기능이다. 즉, 과학박물관은 공공의 교육자로서 과학기술 관련 자료를 수집, 보관, 가공하여 제공하는 한편 관람객 중심의 서비스에 많은 무게를 두고 있다. 실제로 과학박물관의 교육적 기능은 여러 곳에서 찾아볼 수 있는데, 런던과학박물관의 경우 영국과학진흥협회와 공동으로 <젊은 탐구자> 프로그램을 통해 청소년들의 과학 소질 계발에 적극 관여하며, 익스플로라토리움의 경우에는 과학 교사 대상으로 창의적 실험 교육 연수를 실시하여 학교 과학 교육의 내실화를 지원하고 있다.

하지만 오늘날의 과학기술은 과학기술자들만의 과제가 아니라 인류 사회의 윤리적, 사회적 측면과 밀접하게 연관된 우리 사회 전체의 과제다. 과학박물관은 다른 박물관처럼 인류의 과학기술문화와 자연에 대한 기록을 보존하고, 그것을 역사적 맥락에서 재해석하며, 가능한 원형 그대로 다음 세대에 물려줌으로써 문화적 연속성을 보장하는 타임캡슐로서의 역할을 수행한다. 과학기술을 통한 인류의 역사를 총체적으로 보여주기도 하고, 현재 일어나고 있는 과학기술의 다양한 측면에 대한 이해를 도모하며, 과학기술이 인류 사회에 가져올 미래를 진단해볼 수 있게끔 하는 것이다. 미국 올란도에 위치한 EPCOT (Experimental Prototype Community of Tomorrow) 센터가 <나노, 그 작은 세계>를 주제로 순회 전시회를 개최한 것이나 프랑스 라빌레트가 기후 변화를 주제로 특별 전시회를 기획한 것 그리고 런던 자연사박물관이 런던패션쇼를 개최하는 것은 과학박물관이 우리 삶 속에서 사회·문화적 기능을 수행하고 있는 대표적인 예이다.

1990년대 영국과 독일에서는 과학박물관의 경제적 기능이 특히 강조되었다. 과거에는 제조업이 팽창하여 산업적 기반이 든든했지만 이제는 쇠퇴해버린 중소도시나 대도시의 낙후된 지역에 과학박물관이 들어서는 경우, 그 경제적 기능이 분명하게 나타난다. 영국 스완지 시의 경우와 유사하게 세계에서 가장 오래된 기차역인 리버풀역을 재개발하여 설립된 맨체스터 과학산업박물관도 맨체스터시의 이미지 제고와 함께 경제 회생에 크게 기여하고 있다. 과학박물관이 새로 생기면서 주변에 부대시설이 들어서고, 그로 인해 지역민에게 새로운 일자리가 제공되어 결과적으로 관광 산업이 부흥해 맨체스터시는 19세기에 화려했던 도시의 명성을 되살리고 있는 것이다.

세계적인 도시 런던 역시 전통적으로 낙후된 동부 지역 재개발의 일환으로 세포박물관을 설립했다. 세포박물관은 인간을 구성하는 가장 기초적인 단위인 세포의 세계를 형성화한 내부 장식으로도 유명하지만 연구 공간 및 행정 공간을 중앙에서 훤히 볼 수 있는 팬옵티콘 형식을 도입했다는 점에서 과학박물관에 중요한 변화를 가져왔다. 전통적으로 과학박물관이나 과학센터는 과학 연구의 현장과는 따로 존재했으나 세포박물관은 기존의 개념을 완전히 뒤흔드는 융합적 시도로 과학 연구와 과학 문화 기능을 동시에 수행한다. 세포박물관이 들어서면서, 낙후된 런던 동부는 생명공학의 메카로 재탄생되고 있다.

과학박물관의 경제적 기능은 뮤지엄 숍이나 소장 전시물의 캐릭터 상품 개발에서도 나타난다. 영국의 빅토리아&앨버트 박물관의 경우에는 전시품을 각종 상품으로 개발하여 전 세계에 수출함으로써 박물관의 경영적 자립은 물론 영국의 위상을 높이고 있다. 빅토리아&앨버트 박물관을 찾는 관람객 중 오후 4시 이후 방문자 비율이 높은 것은 전시물이나 기획전을 관람하기보다는 뮤지엄 숍의 새로운 상품을 쇼핑하기 위함이다.

마지막으로 20세기 초반에 설립된 도이체스 박물관 등에서 잘 나타난 과학박물관의 기능 중 하나는 설립 초기에 주로 수행되었던 정치적 기능이다. 런던 그레이트 엑스포의 경우 영국의 위상을 과시하기 위한 정치적 목적이 다분했지만, 도이체스 박물관은 그 정치적 목적이 더욱 강했다. 독일의 과학기술 및 산업적 우위를 보여줄 수 있는 발명품과 산업 제품을 선보임으로써 자라나는 학생과 전 국민에게 독일인이라는 국민 의식을 고취하고 통일된 독일의 힘을 전 세계에 과시하기 위함이었다. 이후에 주로 국가 주도로 설립되는 과학박물관들은 자국의 과학기술 발전사를 보여줌과 동시에 과학기술을 통해 미래의 비전을 함께 제시함으로써 국민적 결속력을 다지려는 의도 또한 내포하고 있다. 과학박물관은 한 국가의 과학기술의 발전 정도를 한눈에 보여줌으로써 자라나는 청소년들에게 국가적 자긍심을 갖게 할 뿐만 아니라 과학기술에 대한 제도적, 경제적 지지 기반을 폭넓게 확산시키는 역할을 담당하기 때문이다.

제2부

과학기술, 실행으로 보이다

05 **과학기술문화** | 의미와 패러다임의 변화

06 **세계과학 커뮤니케이션 네트워크(PCST)** | 유럽의 과학기술문화

07 **한 · 중 · 일 과학문화 심포지아** | 성과와 향후 과제

08 **한국과학문화 40년** | 과학기술후원회에서 한국과학창의재단으로

05

과학기술문화

| 의미와 패러다임의 변화

왜 과학기술문화를 말하는가?

과학기술은 우리의 생활 속 어디에나 존재한다. 과학자의 실험실은 물론 복잡한 도시, 심지어 태평양의 어느 무인도에서도 우리는 과학기술을 만나게 된다. 생명과학의 놀라운 진보는 암까지도 극복하는 무병장수의 장밋빛 미래를 꿈꾸게 하고, 나노·정보 과학기술의 발달은 물리적 나이가 아닌 과학기술을 다루는 능력으로 세대를 구분하며, 휴대폰의 급격한 진화에 우리는 그저 감탄사만 연발할 뿐이다.

과학기술은 우리의 사고방식과 사회를 변화시킨다. 17세기 뉴턴이 발견한 만유인력 법칙은 18세기 계몽사상가로 하여금 세상을 지배하는 사회 법칙의 근간을 고민하게 했다. 프랑스 왕립과학아카데미 과학자들이 측정한 지구 자오선은 미터법의 기초로 길이의 표준이 되었다. 200년 전 개발된 증기기관은 생산성을 높여 산업혁명을 이끌었으며 증기로 추진되는 공장형 산업사회를 열었다. 계절에 의존하던 농민들의 삶은 새롭게 태어난 도시에서 기계와 리듬을 같이하게 되었다. 노동의 공간과 가정이 분리되었으며 노동하지 않는 시간에는 새로운 형태의 여가 문화를 즐기게 되었다.

과학기술은 나라의 경쟁력을 가늠하는 척도가 되었다. 과학기술이 아니었다면 대영제국의 빅토리아 여왕이 1851년 런던 그레이트 엑스포에서 영국의 위상을 과시할 수 없었고, 미국이 스푸트니크호를 먼저 발사하여 우주 개발을 선점하려던 소련과의 우주 경쟁에서 승리하는 일도 없었을 것이다. 또한 과학기술이 아니었다면, 우리나라가 70~80년대의 초고속 경제 성장을 이루어 제3세계 국가의 성장 모델이 되거나 G20 국가들과 어깨를 나란히 겨루기는 어려웠을 것이다.

하지만 우리는 과학기술에 관심을 별로 기울이지 않는 삶을 살고 있다. 과학기술이 우리의 물질적 생존과 정신적 사고 변화에 매우 중요한 요인임에도 불구하고, 우리 모두는 과학기술에 대해서, 과학기술이 갖는 중요성에 대해서 그리고 과학기술이 가져올 다양한 측면에 대해서 무관심한 것이 사실이다. 초・중등 교육의 과학은 물리학, 화학, 생물학 혹은 지구과학과 같이 진학을 위한 교과목 중 하나일 뿐 일상생활과의 연계나 재미와는 거리가 멀다. 대중매체에서 과학기술이 다루어지는 것은 최첨단의 과학기술적 진보가 이루어졌을 때나 과학기술로 인해 심각한 문제가 노출되었을 때 뿐이다.

그렇다면, 과학기술이 가진 다양한 측면들을 일반 시민이 이해하게 할 수는 없을까? 과학기술이 우리 현재의 삶에 중요한 부분임을 인식하고, 과학기술을 지지하도록 할 수 없을까? 환경, 교통, 고령화, 실업 혹은 재난 같은 문제들을 야기한 것이 과학기술임과 동시에 야기된 문제들을 해결할 수 있는 것 또한 과학기술임을 알게 할 수 없을까? 창의・효율・합리로 대변되는 과학의 정신이 생활에 스며들어 사회 전반에 합리성이 제고되도록 할 수는 없는가? 과학기술이 경제 발전의 도구로서 물질적, 양적 성장을 가져왔을 뿐만 아니라 인류의 삶의 질을 향상시키는 동인이자 미래 사회의 원천임을 느끼게 할 수 없을까?

여기에 바로 과학문화가 있다. 과학문화는 과학을 폭넓은 사회문화적 자원으로 정착시키려는 19세기 '과학 대중화(Science Popularization: SP)'로부터 시작되어 20세기 후반의 '대중의 과학 이해(Public Understanding of Science: PUS)'로 발전했다. 미국에서는 '과학적 소양(Scientific Literacy: SL)'이라고 하며 1990년대 후반에는 강조점을 달리하면서 '대중의 과학 참여(Public Participation of Science: PPS)', '대중의 과학 인식(Public Awareness of Science: PAwS)' 그리고 '대중의 과학 커뮤니케이션(Public Communication of Science & Technology: PCST)' 등으로 확산되었다. 2000년대에는 '과학 연구에 대한 대중의 이해(Public Understanding of Research: PUR)'가 새로 첨가되었으며 가장 최근인 2005년 이후부터는 과학이 전체 사회의 중요한 부분이라는 인식에서 '사회 속의 과학(Science in Society: SiS)'으로 진화했다.

과학기술문화란 무엇인가?

■ 19세기 '과학' 용어의 시작

오늘날 우리가 사용하는 '과학(science)'이라는 용어는 19세기 중반에 영국의 철학자 윌리엄 휘얼이 처음 사용했으며 자연 세계에 대한 탐구활동을 총칭하던 이전의 '자연 철학(natural philosophy)'이라는 용어를 전면 대체하게 되었다. 새로운 용어의 출현은 곧 새로운 용어로서만 설명될 수 있는 완전히 새로운 현상을 의미하는 것으로, 가장 두드러진 특징은 이때부터 물리학, 화학, 생물학, 지구과학이라고 부르는 과학의 분과들이 세분화되었다는 것이다. 자연 철학의 시대에는 한 사람의 연구자가 물리학 관련 연구를 수행하면서 동시에 생물학 분야도 다룰 수 있었지만, 이른바 '과학의 시대'에는 물리학자는 물리학 분야만, 화학자는 화학만을 연구하게 되고, 서로의 영역에서 어떤 일이 일어나는 지는 잘 알지 못하게 되었다. 과학 각 분야의 지식이 팽창되고 또 전문화되면서 과학 전문가 시대가 새롭게 열린 것이다. 이와 동시에 어렵고 복잡해진 과학을 대중과 소통시키려는 다양한 노력도 함께 일어났다.

과학기술문화란 무엇이며 언제부터 우리나라에서 사용되었는가? 우리나라 과학의 역사를 살펴보면, '과학화 운동'이나 '과학기술풍토조성'이라는 용어들은 각각 1920년대, 1970년대부터 사용되었고 '과학기술문화'는 1997년 한국과학기술진흥재단이 한국과학문화재단으로 명칭을 변경하면서 처음으로 사용되었다. 2000년에는 서울대학교와 포항공과대학교, 그리고 전북대학교에 각각 과학문화연구센터가 설립되면서 과학기술문화에 대한 연구가 시작되었다. 주로 과학사와 과학철학, 과학사회학, 과학정책학 및 과학 교육 그리고 과학 커뮤니케이션을 전공한 연구자들이 자신의 전공에 비추어 과학기술문화에 대한 개념 정립을 시도하였다. 2002년 한국과학문화재단이 UNESCO 한국위원회와 공동으로 주최한 제1회 과학문화학술회의에서는 본격적으로 '과학기술문화'에 대해 논의되었다.

■ 과학기술문화에 대한 이론적 정의들

과학기술문화 개념에 대한 정의는 임경순 교수 등이 수행한 1999년 한국과학재단 보고서에 명시되어 있다. 보고서에서는 과학기술문화를 과학기술 발전을 위한 정신적, 문화적 토대로서 과학기술과 관련되어 공유된 삶의 양식이자 가치의 총합체로 정의하고 있다. 과학기술문화는 과학기술의 장기적 발전의 원동력이자 과학기술이 인류 문명 발전에 기여하기 위한 올바른 지침 역할을 하는 필수적인 요소로 명명되었고, 물질적, 정신적 차원에서 과학기술 발전과 인류의 복지 및 삶을 연결시키는 매개 영역으로 이해되었다. 2000년 8월에 열린 과학문화연구센터 창립 워크숍에서 김영식 교수는 과학문화에 대한 이론적 논의를 심화시켰다. 그에 따르면, 과학문화는 '과학'과 '문화'를 동질적이고 서로 부합되는 점이 많은 것으로 보느냐 아니면 전문적, 수학적, 기계적 성격인 과학을 문화 일반과 상반된 것으로 보느냐에 따라 크게 두 가지로 정리된다. 전자의 경우에는 다시 과학을 문화의 일부로 보거나, 혹은 과학이 문화의 전체적인 속성을 나타낸다고 보는 입장으로 나눌 수 있고, 후자의 경우에는 과학과 문화의 조어로서의 과학문화이다.

전자의 경우 중 과학을 문화의 일부로 보는 관점에서는 과학문화를 '종교문화', '예술문화', '여가문화', '음식문화'와 같은 의미로 여긴다. 과학이란 종교, 예술, 여가, 음식처럼 총체적인 문화를 구성하는 한 부분, 한 종류 혹은 한 측면으로서, 과학문화란 전체 문화의 한 부분집합이며, 여기에서는 '과학의 문화적 측면(cultural aspects of science)'을 강조한다. 반면 '과학기술'문화는 '구석기' 문화, '청동기' 문화, '철기' 문화처럼 어떤 시대의 전체 문화를 총칭하거나 대표하는 의미로 사용될 수도 있다. 석기나 청동기 혹은 철기가 한 시대의 특징적인 생활 수단이자 물질적 기초를 제공하였던 것처럼 과학이라는 것이 현대라는 시대의 물질적 기초를 제공한다고 볼 때, 현대는 과학의 시대이고, 과학기술문화는 광의적으로 현대의 문화 전체를 의미하게 된다. 이러한 입장에서 과학문화는 '문화의 과학적 측면(scientific aspects of culture)'을 부각시킨다.

한편, 과학기술문화에 관한 학제 간 연구를 수행한 김학수 교수는 과학기술문화는 과학기술이 어떻게 정의되었든지 그것의 정신적 인식 틀 혹은 실제적 성과들이 우리의 일상적인 생활에 널리 편재되어 있는 상태를 일컫는다고 볼 수 있다고 정의하였다. 이어 2002년에 열린 제1회 과학문화학술회의에서 정광수 교수는 먼저 문화를 '생활 양식의 총체'와 '가치로운 것' 두 가지로 정의하고, 과학문화를 각각의 측면과 연결시켜 광의의 과학문화와 협의의 과학문화로 구분하였다. 광의의 과학문화는 기술적 의미의 과학문화로 곧 문화로서의 과학(science as a culture)을 의미한다. 문화로서의 과학을 말할 때 과학은 과학적 지식만을 의미하는 것이 아니라 과학적 지식의 생산 및 교육 그리고 이를 둘러싸고 일어나는 법률, 제도, 정책, 행정 및 가치관 등의 모든 활동을 일컫게 된다. 협의적 의미의 과학문화는 과학을 지식의 체계로 봄과 동시에 문화를 가치로운 것으로 보아 과학에서 배울만한 가치나 교양을 의미하는데, 여기에서 의미하는 과학적 가치는 합리성으로 곧 합리성이 과학문화의 본질에 있다고 보는 것이다.

과학기술문화는 사실 국제적으로도 'science culture', 'scientific culture', 'culture of science'가 혼재되어 사용되고 있다. 이러한 현실에 비추어 볼 때 국내에서의 과학기술문화 개념에 대한 이론적 논의들은 상당히 의미 있고 건설적인 출발이었다. 과학기술문화에 다양한 측면이 있음을 지적하였을 뿐만 아니라 과학이 단순히 과학 지식의 총체만이 아니라 과학적 지식을 둘러싼 일련의 행위 및 실천과 가치관까지 포함한다는 것을 보여줌으로써 문화로서의 과학에 대한 가능성을 열어주었기 때문이다. 하지만, 일반적으로 개념에 대한 이론적 정의가 세련되고 복잡해질수록 그 개념을 탄생시킨 현상 혹은 실체와 개념 사이의 간극은 커지기 마련이다. 따라서 과학기술문화에 대해 정의하기 위해서는 실제 과학기술문화라는 이름으로 수행되고 있는 활동이 무엇이고 또 그것이 무엇을 추구하는지를 살펴보는 것이 중요하다.

■ 과학기술문화 활동의 실천적 목표

1967년 과학기술처가 출범한 이래 국내에서는 한국과학기술후원회를 비롯하여 서울과학관, 한국과학기술단체총연합회 등 다양한 주체들에 의해 다채로운 과학기술문화 활동이 이루어졌고, 그것이 추구하는 목표는 다음과 같은 다섯 가지로 정리할 수 있다.

첫째, 과학기술문화 활동은 일반 시민으로 하여금 과학기술이 우리 삶과 사회의 미래를 형성하는 주요 동인임을 범사회적으로 인식하도록 하는 데 목표를 두고 있다. 과학기술이 국가적, 경제적 차원에서 뿐만 아니라 사회적, 개인적 차원에서의 생존과 직결되어 삶의 질 향상에 결정적 요소라는 것을 모두가 폭넓게 수긍하고 인정하는 분위기를 형성하는 것이다.

둘째, 과학기술문화 활동은 폭넓게 확보된 국민적 공감대에서 과학기술활동이 지발적으로 일어날 수 있도록 참여하고 격려하며 후원하도록 하는 데 있다. 과학기술의 중요성에 대한 자각에서 그치는 것이 아니라 과학기술연구 활동이 적극적으로 일어날 수 있도록 후원하고 격려한다. 시민들이 과학기술에 자신들이 납부한 세금이 쓰이는 것을 타당하다고 여기며 과학기술의 지속적 발달을 위한 제도적 장치에 관심을 두도록 유도하는 것이다.

셋째, 과학기술문화 활동은 이른바 과학의 정신이라 불리는 합리적 사고와 창의성 및 효율성을 존중하고 스스로 실천하도록 하는 데 있다. 과학에서는 하나의 사실(fact)과 하나의 이론(theory)을 얻기 위해서 수많은 실험과 실험을 통해 얻어진 데이터 그리고 데이터를 기반으로 한 일반화 과정이 필요하다. 합리성이란 과학적 사실을 얻어가는 과정처럼 어떤 사물이나 사건을 판단할 때 정치적 권력이나 집단적 이익에 의존하는 것이 아니라 객관적인 데이터 및 사실에 근거하는 태도를 의미한다. 개인의 일상적인 삶뿐만 아니라 사회를 작동시키고 국가를 운영하는 곳곳에서 하나의 문제를 해결할 때 대화와 타협을 통해 합리적으로 접근하는 태도가 실현되도록 하는 것이 과학기술문화 활동의 목표 중 하나인 것이다.

넷째, 과학기술문화 활동은 과학에 관한 균형 잡힌 지식과 정보를 제공함으로써 일반 시민이 생활 속에서 그 지식과 정보를 적절히 활용하도록 하는 데 있다. 예를 들어, 유전자 변형 식품의 부작용을 이유로 특정 식품의 수입에 대한 반대가 있을 때, 시민들이 할 수 있는 일은 유전자 변형 식품의 수입 여부에 대한 판단이라기보다는 유전자 변형 식품이 무엇이며, 유전자 변형 식품이 어떤 문제를 안고 있는지에 대한 과학적 지식과 정보이다. 과학기술문화 활동은 사회적 이슈가 되는 과학 문제에 대해 시민 스스로가 판단하고 행동할 수 있도록 균형 잡힌 과학기술 지식을 제공하는 것에 목표가 있다. 1927년에 이미 터너가 지적했듯이 과학기술문화 활동은 '과학에 관한 가장 간단한 사실에 대해 무지를 표현하는 것이… 더 이상 변명(apology)이 될 수 없는' 상태를 위한 것이다.

다섯째, 과학기술문화 활동은 과학이 일반 시민을 위한 문화적 자원으로 이해되고 향유하도록 하는 데 있다. 과학기술은 영화가 되기도 하고 소설이 되기도 하며 연극으로 나타나기도 하고 음악의 모티브가

되기도 한다. 과학은 우리 시대가 향유할 수 있는 가장 중요하고 풍부한 문화적 자원으로서 즐거움의 대상이며, 교육과 여가의 중심에 있다. 과학기술문화 활동은 과학을 소재로 한 여가 활동으로 시민들이 새로운 활력을 얻는 것에 그 목표를 두기도 한다.

이상에서 살펴본 과학기술문화 활동의 목표들은 어느 한 시점에 한꺼번에 나타난 것이 아니다. 오히려 과학기술문화를 위한 활동들이 나타나게 되고, 이러한 활동들에 대한 이론적인 논의들이 진행되면서 점차 확장되어 온 것이다. 그리고 이렇게 목표가 확장되는 과정에서 과학기술문화를 바라보고 이해하는 여러 다양한 이론적 시각들이 나타나게 되었다. 일반적으로 과학기술문화의 패러다임은 과학과 사회의 관계라는 측면에서 크게 다음과 같은 세 단계로 진화되었다고 볼 수 있다. 첫 번째 단계는 소수의 과학자에 의한 소규모 과학이 전체 사회로 확산되어가는, 다분히 일방향성을 띄는 과정으로서의 과학 대중화(SP)이고, 두 번째 단계는 과학과 과학자 커뮤니티가 크게 확장되어 과학과 사회가 서로 대화를 나누어야 하는 이해 당사자가 된 과학기술과 사회(STS)이며 세 번째 단계는 과학이 전체 사회에서 매우 중요하시만 부분으로서 이해되는 사회 속의 과학(SiS)이다.

과학기술문화 패러다임의 변화

■ 과학 대중화(SP)에서 과학기술과 사회(STS)로

일반적으로 과학 대중화라는 용어는 공유된 정의 없이 과학적 지식을 일반 대중에게 교육하고 확산시키는 활동 및 움직임을 지칭하며, 오늘날에도 과학과 관련한 대중적 활동을 위해 가장 보편적으로 사용되고 있다. 이때 과학 대중화는 보통명사로 사용되어 다분히 일방적인 방향성으로 과학적 지식을 생산하는 과학자 혹은 제도 등이 일반 대중들에게 아래로 전해지는 것을 의미한다. 또한 과학은 전체 사회와 직접적으로 연관되기보다는 별개의 활동으로 인식되며, 전체 사회와 비교할 때 그 규모나 영역이 매우 작다. 하지만 앞서 3장에서 고찰하였듯이 과학 대중화(SP)는 19세기 과학의 중요한 특징 중 하나다. 과학 대중화는 19세기 중반부터 20세기 초반까지 영국을 비롯한 서구 사회에서 과학을 개인과 지배 계급에서부터 전체 대중에게 확장함으로써 과학에서의 간단한 사실과 정보를 일반적인 상식으로 정착시켜갔던 역사적 현상이다. 과학은 과학 강연이나 각 급 학교에서의 과학교육, 저렴한 과학 소설이나 잡지, 과학박물관 등의 다양한 경로를 통해 대중에게 폭넓게 다가갔으며, 대중들은 과학을 새로운 문화로 적극 요구하고 수용하는 주체였다. 즉 '과학 대중화'는 과학자 혹은 개혁가들의 노력과 의지가 노동 대중의 열망 및 수요와 만난 접면에서 일어난 19세기만의 특징적인 현상이었던 것이다.

과학 대중화가 성공적으로 전개되면서 20세기 초반에는 과학의 객관성에 대한 대중적 신뢰가 절정에 달했다. 하지만 제2차 세계대전 중의 원자폭탄 개발과 일본으로의 원자폭탄 투하는 반(反)과학 정서를 일깨웠다. 과학적 연구 개발과 과학적 결과물의 활용은 그 주체가 서로 다르며, 상당히 복잡한 요인들이 개입되어서 사실상은 별개의 활동이나 다름없다. 특히 1980년대 발발한 체르노빌 원자로 사건이나 영국에서의 광우병 파동은 대중들의 과학기술에 대한 신뢰도를 급격히 추락시켰다. 이렇게 변화된 환경에서 새롭게 출발한 과학기술문화의 패러다임이 바로 '과학기술과 사회(STS)'이며, 이것의 초기 형태가 '대중의 과학 이해(PUS)' 운동이다.

PUS 운동은 영국 대중의 과학이해위원회가 주도한 것으로, 대표적인 3개의 과학 단체인 영국과학진흥협회와 왕립학회 그리고 왕립연구소가 공동으로 참여했다. 1996년에 발간된 월펜데일 보고서는 우수한 청소년들이 과학 · 공학 · 기술 분야로 진출하도록 유도함으로써 국가의 경제적 부와 국민 삶의 질을 향상하고, 대중에게 보다 풍부하고 정확한 정보를 제공해줌으로써 과학 · 공학 · 기술 분야에서 야기되는 대중적인 이슈를 보다 민주적인 절차 속에서 효율적으로 논의되게 하는 데 PUS의 필요성이 있음을 강조했다.

영국에서 PUS 운동은 과학에 대한 대중적 신뢰 회복이라는 명분 아래 주로 미디어를 통해 전개되었다. 반면 미국에서는 과학 교육 커리큘럼과 과학 교과서를 개혁함으로써 대중의 과학적 소양(Scientific literacy)을 높이자는 운동이 나타났다. 미국과학진흥협회가 국립과학재단(NSF)의 지원을 받아 추진한 비공식적 과학 교육 프로그램 '프로젝트 2061'은 전 미국인의 과학적 소양을 위한 장기 프로젝트로 현재도 활발히 추진되고 있다. PUS 운동은 이후 약간씩 강조점을 달리하면서 북유럽과 호주 그리고 일본 등에서 다양하게 일어났는데 북유럽에서는 과학기술의 대중적 이해를 위해서 시민들의 참여가 필수적이라는 인식하에 합의회의가 개최되었다. 자발적인 참여를 전제로 선별된 일군의 시민들이 과학기술자 또는 과학정책자들과 직접 만나 이슈가 되는 과학기술의 문제를 질의하고 토론하는 포럼 형식의 합의회의는 1987년 덴마크에서 시작되었고 1990년대 초반 네덜란드와 영국, 프랑스, 일본 등으로 널리 확산되었다. 1970년대 네덜란드에서 전개된 사이언스 숍은 지역 사회와 환경 단체 및 주민들의 요구에 부응하여 지역 대학의 과학자들이 무료로 과학기술과 관련된 도움을 주는 실천 프로그램이다. 우리나라에서도 유전자 조작 식품, 생명 복제, 그리고 전력 정책을 주제로 모두 세 차례 합의회의가 개최된 바 있으며, 전북대학교에서 사이언스 숍을 시범 운영하기도 했다.

1980년대 말 프랑스에서는 과학기술이 국제적이고 보편적인 지식임에는 분명하지만 일반인들과의 커뮤니케이션이라는 수준에서는 오히려 과학적인 가치나 지식보다도 대화자들이 처해 있는 문화적, 사회적 가치가 중요하다는 실천적 경험에서 대중의 과학 커뮤니케이션(Public Communication of Science & Technology: PCST)이 나타났다. 이것은 상황 모델(context model)에 근거한 PUS와 맥을 같이 하는데, 영국의 브라이언 윈은 체르노빌 낙진으로 토양이 오염된 영국 컴브리아 목양농의 사례 연구를 통해 PUS 결핍 모델(deficit model)의 한계를 지적하였다. PUS 결핍 모델은 일방적 성향의 과학 대중화 패러다임과 상당히 유사한 것으로, 대중이 과학적 지식과 정보에 무지하기 때문에 과학자들이 필요한 지식과 정보를 제공해주어야 한다는 것이다. 그러나 브라이언 윈은 과학적 지식이 과학자들만의 전유물도 아니고 이론화하기도 어려우며 개개인이 갖는 경험이나 직관 및 상식을 통해 얻어지는 경우가 많다고 주장했다. 이른바 일반인의 무지를 상정하는 '결핍 모델'과 비교할 때 그의 '상황 모델'은 상식적 지식이나 암묵적 지식이 일반인들의 과학에 대한 이해에 있어서 더 유용할 뿐만 아니라 중요하게 작용한다는 것이다. 또한 '상황 모델'에서는 과학이 단일하고 보편적이지 않은 것과 마찬가지로 대중 역시 지역과 문화, 젠더와 나이 및 계층에 따라 고유성을 갖는 국소적인 특징의 비균질적 실체로 파악했다.

PUS를 위한 논의와 일련의 실천적 움직임이 활발해지면서 이에 대한 이론화도 뒤따랐다. PUS가 그 필요성을 대학계와 산업계 그리고 정치계에 어필하면서 '과학 커뮤니케이션'이 새로운 학문 분야로 떠

오르게 된 것이다. 여기에는 크게 두 가지가 중요하게 작용했는데, 하나는 1991년에 런던대학교의 임피리얼 칼리지에 과학기술 및 의학 커뮤니케이션 협동 과정이 공식적으로 개설된 것이고, 다른 하나는 1992년에 이 분야의 연구 활동을 적극 소개하면서 연구자들을 상호 연결시키는 국제 전문 학술지인 「대중의 과학 이해(*Public Understanding of Science*)」가 창간된 것이다. 특히, 대중의 과학 이해는 당시 런던과학박물관에 근무하면서 임피리얼 칼리지에서 과학기술 및 의학 커뮤니케이션 협동 과정을 담당하던 존 듀란트 교수가 주도한 것으로 또 다른 학술지 「과학 커뮤니케이션(*Science Communication*)」과 함께 과학기술문화 분야를 대표하게 되었다.

2000년대에는 상황 모델에 근거한 PUS의 확장을 통칭하여 과학기술과 사회(STS)로 부르기 시작했으며, 과학자와 대중, 과학과 사회의 연결을 강조하면서 이해 당사자들 사이의 '대화(dialogue)'나 '참여(engagement)', '소통(communication)'이나 '연결하기(bridging)' 등의 용어들이 유행처럼 등장했다. 대표적으로 1999년에 독일학술재단연합은 'PUSH (Public Understanding of Science and Humanities) – 과학과 인문사회의 대화'를 주제로 국제 심포지엄을 개최하고서 독일연구협회, 프라운호퍼응용연구진흥협회, 막스플랑크과학진흥협회 등 독일 과학계 전체가 참여하는 대화하는 과학재단(Wissenshaft Im Dialogue)을 출범시켰다. 영국에서는 2000년에 왕립학회가 '과학과 사회' 보고서를 발간했으며 영국과학진흥협회는 '다이알로그 스킴' 사업을 새롭게 선보였다.

2001년부터 유럽집행위원회는 과학과 사회(S&S)를 통해 과학기술의 잠재적 성취 및 성과를 이뤄냄과 동시에 평화, 일자리, 안전, 건강 그리고 지속 가능한 지구 발전이라는 고귀한 가치들에 대한 유럽 시민들의 수요 및 염원을 조화롭게 유지해나가는 데 집중했다. 특히, 과학

연구에 대한 자유를 훼손하지 않으면서 신기술이 가져올 윤리적 결과에 대한 대중적 논의를 이끌어나가고 또 시민들의 과학지식에 대한 이해를 증진시키며, 과학기술정책 수립 과정에 사회 혹은 개인의 참여를 촉진할 방법을 논의했다. 후속 작업으로 출현한 '과학과 사회: 실행계획'은 다양한 실천사업을 제시했으며, 2004년과 2005년에는 유럽연합에서 연구비를 지원받은 과학자들이 참여하는 유럽 소통 연구(Communicating European Research) 컨퍼런스가 두 차례 기획 · 추진되기도 했다.

■ 과학기술과 사회(STS)에서 사회 속의 과학(SiS)로

과학기술과 사회의 관계를 상호 대화가 필요한 당사자들로 파악하는 입장은 2004년부터 일본에서 시작된 STS 교토 포럼에서 더욱 역동적이면서도 유기적으로 논의되었다. 일본의 국회의원 오미 코지가 주도한 이 포럼은 일본을 포함한 아시아, 아프리카, 중동 등 전 세계 국가의 과학기술정책 입안자 및 행정가, 세계 유수의 산업체 대표 그리고 경쟁력 있는 과학자, 연구자들을 미디어와 연계하는 글로벌 휴먼 네트워크 구축을 목표로 삼았다. 또한 인류를 위한 과학기술의 진보와 함께 과학기술과 연관된 윤리적, 환경적, 안정성 이슈를 통제하여 위험을 최소화하는 방안도 모색되었다. 이때부터 STS는 과학기술과 사회(Science Technology and Society)가 아닌 사회 속의 과학과 기술(Science and Technology in Society)로 표기되었으며, 과학기술의 빛과 그림자라는 부제가 시사하듯 과학기술이 사회 속에서 행하는 긍정적 혹은 부정적인 측면이 함께 논의되었다. 하지만 아직 일본의 STS는 과학기술이 사회적 활동이라는 학문적 인식에 근거하기보다는 새롭게 생산되는 과학 연구의 산물이 어떻게 사회적, 문화적 규제들을 극복하면서 재빠르게 산업적인 결과로 이어지게 할 것인가라는 보다 실제적이고 정책적인 측면이 부각되었다.

한편, 2005년 3월 유럽집행위원회가 브뤼셀에서 개최한 사회 속의 과학 포럼(Science in Society Forum)은 과학과 사회의 관계를 사회 속의 과학으로 전환시키는 중요한 계기였다. 그 동안 수행되어 온 '과학과 사회: 실행 계획'의 진행 상황을 점검하고 새롭게 시작되는 제7차 프레임워크 프로그램(2007~2013)에 과학 및 사회와 연관된 이슈를 보다 체계적이고 구조적으로 반영하기 위해 추진되었던 이 포럼에는 유럽에서 활동하는 과학 연구자, 정책 결정자, 과학 커뮤니케이터, 시민 단체 등을 포함하여 약 1,000명이 참가했다. 포럼에서는 과학기술이 삶의 중요한 부분에 커다란 영향을 끼치고 있는 현실을 직시하여 과학

일본 STS 교토 포럼 팜플릿

을 유럽문화에 통합시키는 것을 집중적으로 논의했다. 또한 지식기반 사회 구축을 위한 세 가지 중요 과제로 '연구와 과학기술을 통한 새로운 지식의 창출', '교육과 훈련을 통한 지식의 확산', 그리고 '혁신과 새로운 기술을 통한 지식의 응용'이 제시되었다.

포럼에서는 '과학, 사회 그리고 리스본 전략', '과학, 기술 그리고 민주주의', '과학기술문화를 향하여', '과학에서 어떻게 다양성과 포괄성 그리고 동등성을 확보할 것인가'라는 네 가지 세션이 마련되었다. 참가자들의 결론은 과학기술에 대한 이해가 깊어진다고 해서 과학기술에 대한 대중들의 지지가 늘어나는 것이 아니기 때문에 과학에 관련된 지식과 진보를 알려주는 것만으로는 충분하지 않다는 것이다. 보다 중요한 미래 이슈는 과학기술 기획과 정책에 시민사회와 대중의 진정한 참여를 유도하는 것이며 과학과 사회는 별도로 존재하여 대화가 필요한 관계가 아니라 오히려 과학 연구를 사회적 맥락 속에서 이루어지는 사회 활동의 일부로, 과학을 유럽의 통합된 문화의 일부로 파악해야 한다는 것이다. 나아가 과학자들의 역할을 과학 커뮤니케이터가 아닌 과학 지식 및 정보의 정확성 확보를 위한 과학자문가에 둘 것을 강조했다.

이러한 입장을 반영하여 등장한 패러다임이 바로 '사회 속의 과학(SiS)'이다. SiS는 과학 연구 활동을 과학과 기술이라는 맥락 속에서가 아닌 폭넓은 사회적 맥락 속에서 이해한다는 점과 과학과 사회 사이의 상호 작용을 하나의 시스템으로 바라본다는 점에서 STS와 구별된다. 그뿐만 아니라 과학기술정책의 설계나 정책의 실천에서 시민 단체의 참여에 대한 강조를 넘어 개인 시민과 학생 및 시민 단체(CSO)의 역량 강화라는 더욱 실천적 측면을 강조하고 있다. STS가 과학 지식과 정보의 제공으로 인한 과학의 신뢰 회복과 쌍방향 소통을 강조했다면, SiS는 그것을 위해 각 이해 당사자들이 해야 할 역할 배분과 그 역할을 위한 역량 강화에 무게를 두고 있는 셈이다. 이 때문에 SiS 프로그램의 중심에는 크게 과학 자문, 위험 거버넌스 그리고 청소년의 이공계 진출이 자리하고 있다.

또 하나 SiS에서는 생명공학과 정보통신기술, 뇌 과학 등의 최첨단 과학 연구에 내포된 위험(risk)의 문제를 적절하게 평가하고 관리하는 위험 거버넌스 문제를 제기한다. 특히, 청소년의 이공계 진출에서는 학교밖에서의 교육에 대한 강조보다는 학교현장에 비형식적 맥락을 도입할 것 그리고 과학교사의 역량 강화에 무게를 두고 있다.

제7차 프레임워크 하에서 추진되는 SiS 프로그램들은 모두 6개 영역(교육과 과학, 과학에서의 윤리, 과학상, 과학 커뮤니케이션과 대중의 인식, 과학 자문과 관리, 여성과 과학)의 40개 과제들이다. 6개 프로젝트가 수행되는 교육과 과학 분야의 대표적인 프로그램으로는 '물리학에 즐거움 더하기'와 '새로운 유럽의 과학 교육 이니셔티브(NUCLEUS)'가 있으며, '과학 커뮤니케이션과 대중의 인식 분야에 해당하는 4개 프로젝트로는 과학과 미디어 컨퍼런스', '과학기술에 관한 유로바로미터 조사', '유럽로봇대회', '금성 횡단 프로젝트'가 있다. 가장 많은 17개 프로젝트가 수행 중인 과학 자문과 관리 분야에는 위험 거버넌스(TRUSTNET), 유럽과학센터와 과학박물관에서 의도적인 시민 토론(DECIDE), 위험 커뮤니케이션에 관한 과학 자문의 효과에 대한 연구(SARC), 위험 커뮤니케이션에서의 이해당사자들(STARC), 유럽 위험 커뮤니케이션 네트워크(ERCN), 과학기술에 시민의 참여(CIPAST), 과학기술에 참여를 위한 방법 연구(PATH) 등이 있다.

06

세계과학 커뮤니케이션 네트워크(PCST)

| 유럽의 과학기술문화

제9차 세계과학 커뮤니케이션 서울 컨퍼런스

2006년 5월, 대한민국 서울에서는 전 세계 40개국에서 온 약 700명이 참가한 가운데 제9차 세계과학 커뮤니케이션 컨퍼런스(9th International Conference on Public Communication of Science & Technology — 이하 PCST-9 국제 컨퍼런스)가 개최되었다. 과학기술문화 및 과학 커뮤니케이션과 관련하여 세계 최대 규모의 PCST 네드워크가 2년마다 대륙을 돌며 컨퍼런스를 개최하는데, 한국은 제7차 남아공회의에서 중국과의 치열한 경합을 통해 제9차 회의를 유치했다. 주로 과학과 사회를 연결하는 현장의 실무사들과 실무 경험을 토내로 이론적·학문적 연구를 수행하는 연구자들의 PCST 네크워크에는 과학 기자 및 과학 PD, 과학박물관 및 과학센터 전문가, 학교 밖 과학 교육자 및 과학자, 과학사이트 운영자 및 과학 이벤트 전문가 그리고 과학기술문화정책 입안자들이 활동한다. 이들은 다양한 문화권에서 행해지는 과학 커뮤니케이션의 실천적 사례들을 공유하고 논의하면서 효율적인 과학 커뮤니케이션의 방향과 미래를 모색해 왔다.

PCST 네트워크는 1989년 프랑스의 프와티에서 시작되었다. 과학기술이 국제적이고 보편적인 지식임에는 분명하지만 일반인들과의 커뮤니케이션이라는 수준에서는 오히려 과학적인 가치나 지식보다도 대화자들이 처해 있는 문화적, 사회적 가치가 더욱 중요한 실천적 경험에 근거했다. 여기에는 과학 기자로서 오랜 실무 경험을 쌓고 대학에서 과학 커뮤니케이션을 가르치던 피에르 파야르 교수를 비롯하여 동일한 경험을 나눈 캐나다의 버나드 쉴르, 미국의 브루스 르윈스타인, 스페인의 블라드미르 드 세미르 교수 등이 참여했다. 이들은 과학기술의 연구 결과가 주로 신문과 방송 등 언론을 통해 이슈화되면서 사회 속에서 수용 혹은 거부되는 과정을 분석하여 커뮤니케이션이 일어나는 상황(context) 혹은 문화(culture)의 중요성에 집중했다. 이들은 특히 과학 커뮤니케이터가 과학의 전달자인지 아니면 번역자인지에 대한 논의를 통해 과학 커뮤니케이션을 정의하는 일에 앞장섰다.

소규모 연구자들이 주도한 PCST 네트워크가 전 세계적으로 확대되는 데에는 1994년 캐나다 몬트리얼에서 열린 제3차 회의가 중요했다. 주로 과학 기자의 경험을 가진 학자와 실무자 중심이던 네트워크는

제9차 PCST 서울 컨퍼런스 브로슈어

그 대상을 학교 밖 과학 교육자, 과학기술 연구소 홍보 관계자, 과학박물관 관련자, 과학 이벤트 전문가, 과학기술문화정책 관련자, 그리고 과학기술문화 NGO 등으로 확대해 나갔다. 또한 PUS, 과학적 소양, 과학 대중화, 과학적 문화(scientific culture), 과학문화(culture of science), 과학기술문화(science culture) 등 다양한 이름으로 여러 국가에서 소규모로 논의 되던 활동들을 처음으로 하나로 모아 『과학이 문화가 될 때(When Science Becomes Cultures)』라는 책으로 출간했다. 이 책은 세계의 과학기술문화에 관한 조사라는 부제에 걸맞게 캐나다, 프랑스, 미국, 영국 등 21개 국가에서 산발적으로 이루어져 왔던 활동들을 총체적으로 다루었다. 또한 전 세계의 과학기술문화정책 및 현황을 과학기술문화, 과학 대중화, 과학 커뮤니케이션, 과학기술에 대한 대중의 이해, 과학적 소양이라는 부제하에 정리해냈다. 최초의 과학기술문화 종합서라는 의미가 큰 이 책은 각 국가에서 수행된 다양한 형태의 실천에서의 공통점과 차이점을 처음으로 비교할 수 있게 한 것이 특징이다.

1994년 PCST 캐나다 컨퍼런스 후 발간된 책 표지

이러한 연속선 상에서 개최된 PCST-9 서울 컨퍼런스에서는 '세계시민의식'을 주제로 총 270편의 논문이 발표되었다. 논문들은 세계시민의식 함양을 위해 정부, 사회·문화, 교육제도가 어떻게 과학적 소양을 갖춘 시민(Informed Citizen)을 양성하고 격려할 것인가를 다루었다. 또한 어떻게 개인과 공동체가 자신감을 갖고 기후 변화, 물, 에너지 등 글로벌 이슈에 직면해 자발적 해결자(Global Problem Solver)가 될 것인지도 모색되었다. 발표자들은 각 국가의 경험이나 구체적 실천 사례에

서 출발하여 글로벌 차원에서의 과학기술문화 확산을 위한 방법들을 토론하고 공유한 것이다.

PCST-9 서울 컨퍼런스는 아시아에서 처음으로 개최되었던 만큼 중국과 일본, 인도 등 아시아 나라들의 참여가 두드러졌다. 한국과 중국 그리고 일본을 중심으로 아시아는 서구에 비해 상대적으로 뒤늦게 과학기술에 참여하였음에도 불구하고 국가 차원에서 대규모의 연구개발이 이루어지는 과학기술의 거대한 생산자이자 세계적인 시장이다. 또한 서구에 비해 과학기술이 교육되고, 사회문화에 흡수되는 시간이 매우 짧았으나 과학기술이 야기하는 전 지구적인 난제들에는 서구사회와 공동으로 직면하고 있다. 서울 컨퍼런스는 바로 이러한 아시아 지역이 공동으로 직면한 현실을 직시할 수 있게 해주었으며, 해외 여러 국가에서의 성공 혹은 실패한 사례를 소개함으로써 과학기술의 발전과 사회 사이의 조화로움을 모색할 수 있게 해 주었다.

또한 PCST-9 컨퍼런스는 과학기술문화와 매우 가까운 분야이면서도 과학 커뮤니케이션의 문제를 구체적으로 고민해보지 못했던 국내 유관단체들로 하여금 과학기술문화에 대해 본격적으로 고민하는 장으로 기능했다. 한국과학기자협회는 '과학으로부터 대중까지', 한국과학교육학회는 '커뮤니케이션으로서의 과학교육', 한국과학사학회는 '과학과 한국 사회의 상호작용', 한국여성과학기술인단체 총연합회는 '과학커뮤니케이션과 여성', 유네스코 한국위원회는 '생명윤리와 저널리즘' 그리고 한국과학기술한림원은 '과학기술에서의 위험 거버넌스'를 주제로 각각 공동 세션을 운영함으로써 과학 커뮤니케이션의 영역과 대상 그리고 방법과 체계에 대해 처음으로 논의할 수 있었다.

비록 컨퍼런스 이후 이들 국내학회와 유관 단체들은 각자의 분야에서 과학기술문화의 가시성을 높이거나 과학 커뮤니케이션의 실천 혹은 연구를 위해 구체적인 노력을 경주하지는 않았지만 국제회의를 계기로 과학기술문화의 중요성을 새롭게 인식했다. 그 결과로 전국여성과학기술인지원센터와 국립중앙과학관에는 과학 커뮤니케이터 양성과정이 설치·운영되었으며 과학기술문화교육협의회라는 NGO단체가 새로 생겨났고, 다소 친목 성격이던 과학기자협회를 보다 적극적으로 그 활동 영역을 넓혀나갔다. 또한 2009년에는 2004년에 개설된 서강대학교 과학커뮤니케이션 석사과정에 이어 한국과학기술원(KAIST)에 새로이 과학 저널리즘 석사과정이 개설되었다.

2006년 한국에서의 PCST의 성공은 2008년 스웨덴의 말뫼로 이어져서 '미래를 향한 다리 놓기'라는 주제의 제10차 컨퍼런스가 개최되었다. 특히 스웨덴의 노벨 재단과 함께 노벨상에 관한 궁금증을 주제로 한 사전 컨퍼런스는 많은 관심을 모았고, 세계적으로 큰 반향을 일으키던 위키피디아의 공동 창시자가 연사로 초청된 기초강연에서는 IT 기술을 활용한 집단 지성 패러다임의 단점을 보완하는 시티즌돔(citizendium) 프로젝트가 소개되었다. 2010년에는 인도에서 '과학 커뮤니케이션에 최전선은 없다'라는 주제로 그리고 2012년에는 이탈리아에서 '과학기술 커뮤니케이션에서의 품질, 정직 그리고 아름다움'을 주제로 제12차 대회가 성공리에 개최되었다.

PCST는 과학문화의 실행과 이론이 만나는 접점이다. 과학과 대중을 연결하고 소통시키는 일에 관심이 있는 누구에게나 열려있는 오픈 광장으로, 향후에도 그 영향력을 계속 확대해갈 것이다. 2014년에는 제13차 대회가 브라질에서 그리고 2016년에는 제14차 대회가 터키에서 개최되어 유럽과 북미, 아시아와 중동을 잇는 글로벌 가교 역할을 할 것이다.

세계의 과학기술문화

■ 샤넬 향수의 프랑스

아름답고 화려한 왕비 마리 앙투아네트가 시민 혁명의 정치적 격변기를 겪었던 프랑스는 당시 유럽의 학문과 과학의 최고 중심지였다. 일찍이 1666년에 루이 14세는 왕립과학아카데미를 설립하여 유럽의 가장 뛰어난 정예 과학자들을 모으고 이들에게 탄탄한 지위와 경제적 지원을 보장해 주었다. 오늘날 전 세계인이 사용하는 '미터(meter)'와 '엔지니어(engineer)'는 18세기 프랑스에서 처음 사용한 용어다. 과학기술을 중시하는 프랑스의 이러한 전통은 오늘날에도 변함없이 살아 있다. 흔히 문화예술 활동에 대한 후원을 의미하는 '메세나'가 프랑스에서는 과학 분야에도 폭넓게 작동하고 있다. 프랑스 정부는 과학 학술 연구를 후원할 뿐만 아니라 각 기관과 재단에서 시행하는 메세나 활동에 대해 세금 감면 등의 조세 특혜를 주고 있으며, 기업의 과학 연구 메세나 활동에는 '연구 재단'이라는 특별한 법적 지위를 부여하며 보호해주고 있다. 흔히 농업 국가로 잘 알려진 프랑스가 오늘날 콩코드의 나라, 청정 원자력의 나라, 시속 500km의 TGV의 나라 그리고 유럽핵융합연구소(ITER)의 나라로 불리게 된 것은 결코 우연이 아니다.

하지만 프랑스가 오늘날까지도 과학기술에서 세계적 우위를 점할 수 있게 된 것은 비단 국가 차원에서 행해진 강력한 과학 정책과 지원 때문만은 아니다. 오랜 시간 동안 과학기술문화를 확산하고 과학 대중화를 위해 혁신적인 노력을 기울여 온 결과이기도 하다. 복잡한 대혁명기의 정국 속에서도 발명특허품들을 모아 선보인 세계 최초의 국립기예박물관을 설립한 것이나 루이 왕 정원(Garden de Roi)에서의 다채롭고 이국적인 동·식물 표본 전시는 파리 시민들이 자연스럽게 과학기술을 접하고 체험하는 기회를 마련해 주었다. 특히, 20세기 후반 지스카르 데스탱 대통령이 프랑스 혁명 200주년을 기념하며 설립한 라빌레트 과학산업관은 다양한 전시물을 통한 즐거운 과학 체험과 과학기술의 원리에 대한 이해를 모토로 삼았다. 원래 가축 보관소이자 경매장이었던 낙후된 시설을 과학센터로 리노베이션하였다는 점에서 전 세계의 관심을 불러 모았던 이곳은 특히 과학과 예술의 접목을 통한 상설 전시와 기후 변화 등 최근의 현안을 주제로 한 특별 전시로 유명하다.

라빌레트 1층 로비에 들어서면 전시되는 특정 주제를 다룬 거대한 브로마이드 사진이 천장에서부터 시원하게 드리워져 있다. 예를 들어 '물'이 주제인 경우에는 물방울만을 찍은 거대한 사진이 예술의 나라인 프랑스답게 예술 작품처럼 펼쳐져 있다. 1층 중앙에 설치된 엘리베이터는 모든 공간을 한 눈에 볼 수 있게 설계되었으며, 2층과 3층의 전시장은 지구과학 및 천체과학, 그리고 수학과 물리학 등 기초과학을 주제로 다루는데 2층의 코너 중 하나는 신문과 방송에서 소개된 과학

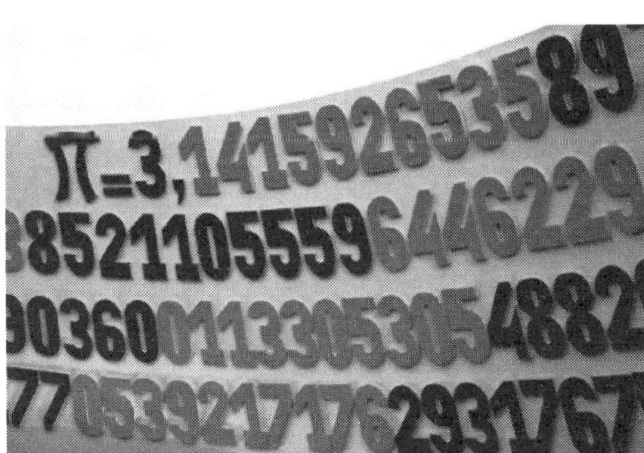

'발견의 궁전' 수학관 벽면에 걸린 파이 값

라빌레트 과학산업관 본관 내부

관련 논쟁을 다루고 있다. 라빌레트 과학산업관의 또 다른 특징은 고정된 내용으로 운영되는 것을 거부한다는 것이다. 매달 혹은 특정한 주기를 정해 수없이 많은 특별전이 기획되고 있는데, 태양을 주제로 한 특별전, 우주에 대한 특별전, 세계의 날씨 변화를 주제로 한 기후 변화 특별전, 유엔이 정한 생물다양성을 주제로 한 특별전 등이 대표적이다.

프랑스에는 완전한 체험형 과학놀이공원도 있다. 파리의 외곽도시 프와티에에 위치한 퓌튀르스코프(과학미래관)는 아이맥스 영화, 놀이기구, 음악, 과학 관련 기구 및 도구 등을 통해 놀면서 에너지, 환경, 동력 등 과학기술의 과거와 현재, 그리고 미래를 자연스럽게 접할 수 있다. 특히 어린이를 둔 가족 단위의 방문객이 많이 찾는 이곳은 프랑스를 대표하는 종합 과학놀이공원이다. 이밖에 세계 과학의 산실이라 할 수 있는 왕립과학아카데미는 나폴레옹이 세운 최고의 이공계 대학교 에콜 폴리테크닉과 함께 어린이들의 체험형 과학 교육에 발 벗고 나서고 있다. 노벨 물리학상 수상자인 조르쥬 샤르팍 박사가 처음 주장한 이 프로그램은 빵을 만드는 밀가루를 손으로 직접 주무른다는 뜻을 가진 라망알라빠뜨(La main a La Pate)라고 한다. 3~11세 학생들이 과학의 역사를 바꾼 유명한 과학 실험을 직접 재현하도록 이공계 대학생이 돕는 라망알라빠뜨는 전 세계 약 25개국에 도입되어 성공적으로 실천되고 있다. 프랑스에서는 어린이 과학교육을 위해 교사, 학부모, 지역 사회 그리고 이공계 대학생이 함께 참여하고 있는 것이다.

오늘날 프랑스가 패션의 나라, 향수의 나라의 이미지를 가지게 된 것은 오랜 시간 과학기술이 뒷받침되었기에 가능했다. 국가 차원의 강력한 과학기술 우대 정책과 생생한 과학기술문화 체험을 위한 대중적 기회의 확대가 없었다면 특별한 색과 향을 만들어낼 수 있는 과학기술뿐만 아니라 특별한 색과 향을 즐길 줄 아는 시민들도 존재하지 못했을 것이다.

■ 레오나르도 다 빈치의 이탈리아

서구의 근대를 열었던 세 가지 혁명인 과학 혁명, 종교 개혁, 르네상스의 정신이 살아 숨 쉬는 나라, 택시 기사들도 과학자를 이해하는 나라가 바로 이탈리아다. 르네상스를 대표하는 전형적인 인물, 레오나르도 다 빈치는 무한한 호기심과 끝없는 창조력의 소유자로 불후의 명작을 남긴 화가이자 조각가다. 수학 및 천문학 등 과학의 발전에 기여한 과학자, 인체의 내부와 근육 해부도를 그린 해부학자이며 각종 군사 기구를 발명하고 제작한 군사기술자이기도 하다. 레오나르도라는 이름이 말해주듯 레오나르도 다 빈치는 '성'을 가지지 못한 채 가난한 농촌 마을에서 태어났다. 14세 때 그는 당시 피렌체의 대표적인 화가이자 대 스승(마스터)이었던 베로키오의 공방에 도제로 들어가 화학과 금속학, 수학과 해부학, 시각생리학과 원근법 등 화가가 되기 위한 아주 다양한 기술을 배우고 습득했다.

20세가 되던 해 그는 예술가들과 의사들로 구성된 길드에 가입할 수 있게 되었지만 여전히 베로키오를 위해 일했다. 도제를 마친 30세가 되어서야 그는 밀라노의 스포르차 공작을 찾아가 자신을 최고의 군사기술자라고 소개했다. 그로부터 17년 동안 레오나르도는 스포르차 공작을 위해 일하게 된다. 그는 유명한 화가로서 암굴의 성모(1483)와 최후의 만찬(1495~98) 등 불후의 명작을 남겼고, 다른 한편으로는 총포와 대포를 싣고 어느 방향으로든 움직일 수 있는 전차, 적의 포탄이 바깥을 뚫더라도 여전히 떠 있을 수 있는 선체가 2중으로 된 배, 태엽으로 조정되는 시계, 무거운 물체를 들어 올리는 기중기 등 각종 군사 기구를 발명하는 군사 엔지니어로 일했다. 물체의 비행에 대한 강한 열망을 갖고 있던 그는 새들이 날아가는 원리를 자세히 관찰했으며, 다양한 비행 기구를 기획했고 네 사람이 힘을 모아 움직이는 헬리콥터도 구상했다.

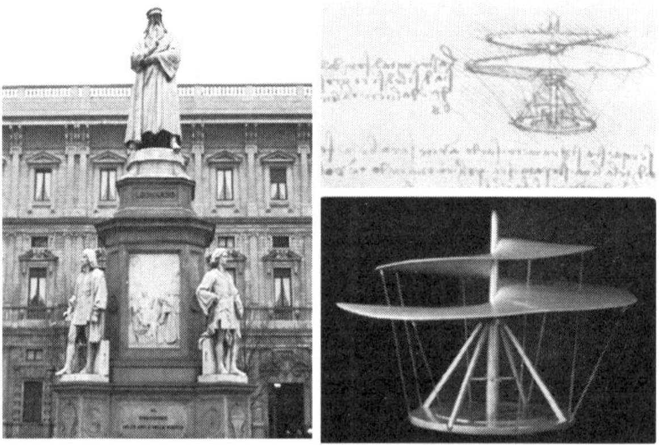

레오나르도 다 빈치의 동상과 그의 스케치 및 작품

그는 또한 실험을 하거나 그것을 이론화하는 대신 현상을 관찰하고 관찰한 것을 세밀하게 기록하는 방식으로 과학 활동도 수행했다. 특히 약 서른 구에 달하는 다양한 연령의 사체를 직접 해부하고, 이를 소나 새 등의 다른 동물들의 구조와 비교하면서 남겨놓은 200개의 묘사도는 오늘날에도 그 정교함으로 사람들의 감탄을 자아낸다. 대표적인 것으로는 인체 비례도와 인간의 근육도, 인간 뇌의 단면도와 자궁 안 태아의 묘사가 있다.

레오나르도 다 빈치라는 한 사람이 이처럼 과학과 공학 그리고 예술에서 다양한 일을 할 수 있었던 것은 물론 그의 재능이 뛰어났기 때문이다. 하지만 당시가 예술가와 과학자, 건축가와 기술자의 영역을 서로 분명하게 분리하지 않은 르네상스 시기였다는 점도 크게 작용했다. 또한 그가 다양한 분야에서의 자신의 재능을 오랜 시간 동안 배우고 연마할 수 있었던 것은 늘 후원을 아끼지 않았던 메디치 공작과 스포르차 공작 같은 후견인들 덕분이었다. 이탈리아는 관성이라는 물리학의 주요 개념으로 근대역학의 문을 연 갈릴레오가 성장한 곳이자 과학자에 대한 후원 활동이 가장 먼저 그리고 가장 활발하게 일어난 곳이다. 1603년 로마에는 세계 최초의 과학자 단체인 린체이 아카데미(Academia dei Lincei)가 생겨났고, 1657년에는 갈릴레오와 지오바니, 보넬리 등의 제자들에 의해 실험 활동을 장려하는 아카데미 델 시멘토(Academia del Cimento)가 생겨났는데, 이 아카데미는 유명한 메디치 가문의 후원을 받고 있었다. 사실, 과학 활동은 새로운 실험 기구들로 인해 이른바 돈이 많이 드는 일이었기 때문에 왕이나 부유한 귀족의 후원이 절대적으로 필요했다. 이탈리아에서는 과학 활동을 위한 이러한 후원이 활발하게 일어났으며, 최초의 망원경을 만들고 목성의 위성을 발견한 갈릴레오가 목성의 위성을 메디치가의 별들로 명명한 것도 그

갈릴레오 박물관의 갈리레오의 낙하 실험 장치

러한 후원에 대한 감사의 표현이었다.

근대과학은 고대 그리스 학문의 정점에 다시 도달해보자는 르네상스 운동에서 시작된 것이었다. 이탈리아에서는 메디치 가문의 후원으로 인문주의자들과 장인기술자 그리고 예술가들이 결합하여 다양한 창작 활동을 수행했으며, 갓 등장한 과학자들과도 조화로운 관계를 유지해 나갔다. 그러나 18세기 이후부터는 과학에 대한 비판의 목소리가 커졌다. 산업혁명을 거치면서 과학과 예술은 각자의 영역으로 분리 및 확대되었고 과학이 인간의 주관이 배제된 합리성과 객관성을 상징하게 되자, 예술은 인간의 주관과 창의적 감성을 존중하는 것으로 이분되었다. 그로 인해 과학자와 예술가들은 비록 창의적인 작업을 수행한다는 공통점을 갖고 있으면서도 서로의 대화에 불편함을 느끼게 되었다.

하지만 현대로 들어서면서 보이지 않는 실체들을 표현하려는 움직임이 일군의 물리학자들 사이에서 일어났고, 오늘날 우리는 융합과 컨버전스(convergence: 여러 기술이나 성능이 하나로 합쳐지는 일)라는 새로운 흐름에 놓여 있다. 레오나르도 다 빈치는 융합의 아이콘이 되어 우리나라는 물론 전 세계의 새로운 관심을 받고 있다. 일찍이 레오나르도 다 빈치는 '과학'과 '문화'라는 두 가지 코드의 상호 공존을 모색했으며 그의 재능에 지속적인 후원을 아끼지 않았던 사회적 여건이 그를 뒷받침했다.

21세기에 들어서면서 전 세계는 창의성을 강조하고 있다. 우리가 21세기의 새로운 다 빈치를 원한다면 먼저 과학자를 후원하고 과학을 즐기는 과학문화부터 정착이 되어야 할 것이다.

07

한 · 중 · 일 과학문화 심포지아

| 성과와 향후 과제

아시아 과학문화기관과 SC 네트워크 구축

일본 동경에서 개최된 제2차 한 · 중 · 일 과학기술장관 회의는 그동안 양자 협력이 주로 이루어져 온 한국과 중국 및 일본 세 나라가 함께 모인 두 번째 공식적인 자리였다. 2009년 5월에 개최된 이 회의에서는 특히 과학기술문화가 중요한 의제 중 하나로 다루어졌는데 아시아 지역의 과학 커뮤니케이션과 대중의 과학 이해 증진을 위한 과학문화 네트워크에 대한 논의가 있었으며, 동시에 각 국가를 대표하는 과학문화유관 기관 사이에 양해협력각서가 체결되었다.

한 · 중 · 일 과학문화 네트워크(SC Network)는 한국의 한국과학창의재단(KOFAC)과 중국의 중국과학기술협회(CAST) 그리고 일본의 일본과학기술진흥기구(JST) 사이에 구축된 것으로 크게 두 가지를 주요 내용으로 삼았다. 첫째, 세계 최대의 과학 관련 컨퍼런스를 매년 개최함으로써 180년의 역사와 전통을 자랑하는 미국과학진흥협회의 연례 컨퍼런스에서 3국이 공동으로 심포지아를 기획 · 운영하여 아시아의 과학기술문화 활동을 국제적으로 알리는 것이다. 둘째, 과학 대중화 및 과학 교육 증진을 위해 우수 프로그램을 상호 개발하거나 교류하는 것이다. 특히 과학기술문화 사업의 근간이 되는 과학기술에 대한 국민들의 이해 정도를 측정하는 것은 3국의 긴밀한 협력이 필요한 분야였다. 미국이나 유럽과 비교해 볼때 아시아인의 과학기술문화 수준을 측정하는 아시아과학기술문화지수(ASCI: Asian Science Culture Indicator)는 개발되지 않았다. 그렇기 때문에 한국과 중국 그리고 일본은 미국의 국립과학재단(NSF)이 개발한 국민이해도 조사문항을 활용하여 각 국의 과학이해도를 조사해오고 있는 실정이었다. 한국은 한국과학창의재단이 2002년부터 2년마다 전국의 1,000명을 직접 방문 면담하여 과학기술이해도 조사를 실시해왔으며, 중국은 중국과학기술협회의 산하기구인 중국과학대중화연구소(CRISP)가 1991년 이후 2010년까지 모두 8번의 국민이해도 조사를 실시했다. 일본은 일본과학기술기획평가원이 1991년부터 비정기적으로 모두 다섯 차례 이해도 조사를 실시했다. 하지만 지금까지의 조사는 아시아의 문화적 차이나 교육 환경 및 가치관 등을 제대로 반영하지 못하고 있어 아시아 과학문화지수 개발은 시급한 과제가 아닐 수 없다.

한·중·일 과학문화 네트워크를 주도한 한국과학창의재단은 교육과학기술부 산하 비영리 공공기관으로, 과학기술처와 함께 출발한 과학기술후원회(1967)에 그 뿌리를 두고 있다. 1996년에 한국과학문화재단으로 확장되었다가 과학기술부와 교육인적자원부가 통합되면서 한국과학창의재단(2008)으로 확대 개편되었고, 크게 4가지의 주요 기능을 담당하고 있다. 첫째는 창의인성 교육을 통해 창의적인 인재 및 영재를 양성하고 창의적 교육을 위한 우수 콘텐츠를 기획·개발·수집·보급하는 것이며, 둘째는 수학·과학 교육 과정 개혁 및 초·

중 · 고 교과서 개발 및 보급, 선진 교사 연수 등을 통해 국가 차원의 수학 · 과학 교육을 선진화하는 것이다. 셋째는 지난 40년 동안 수행해오던 전 국민 대상의 과학 이해 확산 및 과학 지식과 정보 보급 사업을 통해 창의 · 효율 · 합리로 대변되는 과학기술문화를 확산시키는 것이며, 넷째는 과학기술과 인문사회 및 타 분야와의 교류와 소통을 촉진함으로써 우리 사회의 창의성을 확대하고 기후 변화, 에너지, 질병, 물, 식량 등 지구와 인류가 안고 있는 글로벌 이슈에 대한 국민들의 과학적 이해를 향상시키는 것이다.

과학기술문화사업 중 대표적인 것으로는 민간 단체 및 지자체, 대학 등이 과학기술문화 활동을 수행할 수 있도록 일정 규모의 예산을 지원해주는 민간단체 지원사업과 융합문화 지원사업, 사이언스올과 사이언스타임즈 등 온라인을 활용한 과학지식 제공 사업과 과학축전

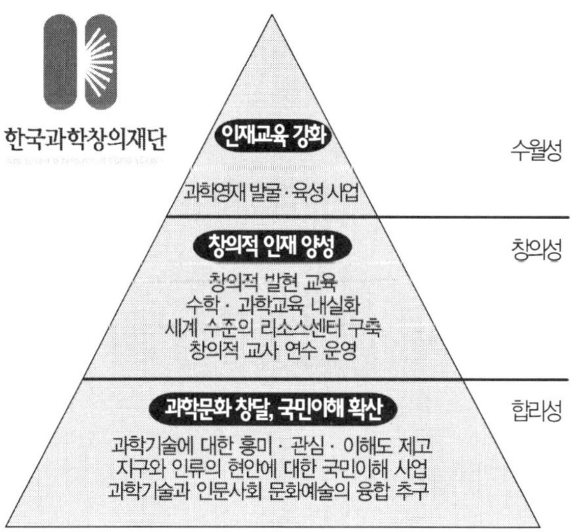

창립 당시의 한국과학창의재단 개념도

RGB 캠페인 포스터

및 페스티벌 등과 같은 전 국민 참여형 사업, 청소년 과학탐구반(YSC)과 국제청소년과학캠프(ISEC), 과학기술 앰배서더, 대학생 과학 나눔 한마당 등 청소년 대상의 과학 체험 프로그램이 있다. 또한 과학기술과 인문사회 및 문화예술계와의 융합을 촉진하기 위해 매월 다양한 분야의 전문가들이 하나의 주제를 두고 토론하고 소통하는 융합카페사업이 있었으며, 질병을 빨간색(R)으로 기후변화, 에너지, 식량을 초록색(G)으로 그리고 물을 파란색(B)으로 표현하여 공중파 TV 방송과 지하철 및 라디오를 활용하여 관련 과학 내용을 소개하는 RGB 캠페인 사업도 추진했다.

일본을 대표하는 일본과학기술진흥기구는 일본과학기술정보센터(1957)와 신기술사업단(1961)이 통합된 과학기술진흥사업단(1996)에서 2003년 독립행정법인으로 탈바꿈했다. 일본 문무과학성 산하의 과학기술 종합기관인 일본과학기술진흥기구는 과학기술 시스템을 개혁하고 기술정책의 새로운 흐름을 만들어내는 일을 담당한다. 주요 기능으로는 과학기술 정보의 유통, 과학기술 연구 개발에 따른 교류 및 지원에서의 혁신, 과학기술에 관한 지식 보급 그리고 과학기술에 대한 국민 이해 증진이 있다. 과학기술에 대한 국민 이해 증진 사업은 크게 과학기술 교과 학습 지원, 지역 과학기술 이해 증진, 과학기술 정보 확산, 일본 과학미래관 운영이 있다. 과학기술 교과 학습 지원 분야에서는 청소년들의 과학기술에 대한 호기심을 자극할 수 있도록 다양한 디지털 교육 콘텐츠를 개발·보급하며, 2002년부터 매년 26개 고등학교를 선정하여 지원하는 수퍼 사이언스 하이스쿨 사업(SSH)도 추진한다. 지역 과학기술 이해 증진 활동은 주로 전국의 지방과학박물관을 거점으로 과학관과 지역 학교를 연계하는 방식으로 이루어지며, 은퇴 과학자나 교사, 과학에 관심을 가진 회사원 등 자원봉사자들을 활용하는 사이언스 레인저(Science Ranger)가 있다.

2008년부터는 특히 사이언스 아고라를 새롭게 기획·운영하고 있는데 이는 과학과 사회를 잇는 광장(아고라)이라는 뜻으로 대중과 전문가, 어린이와 성인 모두가 과학을 즐길 수 있는 열린 광장으로 기획되었다. 매년 11월에 도쿄 인근에서 열렸던 크지 않은 규모의 과학축전에서 시작된 사이언스 아고라는 동경대학교를 비롯한 각 대학 학부생과 동아리 학생들, 리켄 이화학 연구소의 연구원들이 150개의 부스를 열고 각자의 전공을 소개하는 과학 쇼와 실험 교실, 과학 연극 등을 선보인다. 그뿐만 아니라 사이언스 아고라는 연구자들이 새로운 연구 동료를 만나는 기회로, 동경대학교의 경우에는 의과 대학생들과 공과

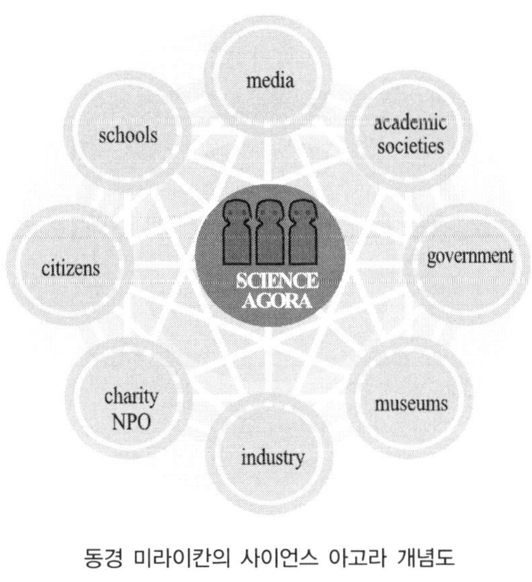

동경 미라이칸의 사이언스 아고라 개념도

대학생들이 사이언스 아고라를 통해 서로 만나고 협업하게 되었다.

중국의 과학기술 관련 가장 큰 조직인 중국과학기술진흥협회는 중국에서의 과학기술문화 사업을 대표하기도 한다. 과학기술인들로 구성된 민간 조직이면서 중국 공산당 지도 아래의 인민단체인 이곳은 국가와 과학기술인을 연결하는 다리와 벨트 역할을 수행한다. 1958년에 조직되어 전국에 184개에 달하는 전문학회, 31개의 지부 그리고 2,583개 지방 조직을 관장하며 회원 수도 430여만 명에 달한다. 산하에는 중국과학기술관, 중국과학기술협회 청소년과학기술센터, 중국과학기술 컨설팅서비스센터, 대중과학기술신문사 등 21개 기관이 속해 있다. 중국과학기술협회가 담당하는 분야들로는 과학 학술 교류 및 학과 발전 촉진, 과학 정신 홍보 및 과학 지식 전파, 과학기술인의 의견 및 요구 수렴, 과학기술인의 합법적 권익 보장, 과학기술인에 대한 표창과 격려, 과학기술을 통한 산업화 촉진, 국제 민간 과학기술 교류사업이 있다. 2002년에는 중화인민공화국 과학기술보급법이 제정되었고, 2006년에는 중국 인민들의 과학적 소양을 높이기 위한 장기적인 계획이 확립되었으며 2007년부터는 국가적 역량을 높일 수 있는 구체적인

중국 전 국민 과학 소양 계획 표지

사업 방안들이 강구되었다. 대표적인 과학기술문화 확산 사업으로는 상반기의 중국 과학 주간 행사와 하반기의 과학 커뮤니케이션의 날 행사가 있다. 소규모 실험 장비 및 전시물을 탑재하고 중국 전역을 순회하는 과학 버스 사업과 과학 기차 사업도 매우 큰 호응을 얻고 있다. 특히 중국은 전체 인구의 40%에 달하는 농민을 위한 과학 관련 행사와 프로그램이 많은데 최근에는 저탄소 생활을 격려하는 그린 프로그램이 추진되고 있다.

미국과학진흥협회와 연례 컨퍼런스

미국과학진흥협회(AAAS)는 1831년에 설립된 영국과학진흥협회를 모델로 1848년에 조직되었으며, 현재 세계 최대 규모의 과학자 단체이다. 모두 262개의 과학 관련 학회와 아카데미, 그리고 100만 명 이상의 개인회원을 확보한 비영리 기구로 "과학을 진흥시키자, 사회에 봉사하자(Advancing Science, Serving Society)"라는 모토에 그 설립 목표가 분명히 나타나있다. 대표적인 사업으로는 과학과 정책 사업, 국제 협력 사업, 교육과 인재 개발 사업 그리고 프로젝트 2061 사업이 있다. 프로젝트 2061은 학교의 과학교육이 과학에 기초한 고도의 기술 사회에 대비하지 못한다는 자각에서 출발한 것으로 K-12 교육 과정 커리큘럼 개혁을 통해 미국인들의 과학과 수학과 기술에서의 소양을 향상시키겠다는 장기적인 국가 프로젝트다. 1986년부터 76년 주기의 핼리 혜성이 지구를 다시 찾는 2061년까지를 사업 기간으로 정하였다. 또한 세계적인 과학 잡지 「사이언스」를 발간하여 회원들의 과학 연구 활동을 지원하며 과학 뉴스레터, 책자 및 보고서를 간행함으로써 전 세계인의 과학에 대한 이해 증진을 도모하고 있다.

미국과학진흥협회는 해마다 2월이면 전국의 주요 도시를 순회하면서 연례 컨퍼런스를 개최하는데, 미국은 물론 유럽과 아시아 지역에서 활동하는 과학자, 과학 교육자, 과학정책 관련자, 과학 커뮤니케이션 종사자들 약 2만 명 이상이 참여한다. 약 150여 개의 심포지아와 워크숍이 마련되며, 40개에 달하는 전문가 회의가 열리고 미국과학재단을 비롯한 100여개의 과학기술 관련 기관과 단체의 홍보 부스가 마련된다. 미국 연방 정부가 책정한 과학기술 예산과 우선 배정순위 등 연간 계획을 소개하는 심포지아가 가장 인기 있다. 심포지아의 세부 주제들로는 과학자 및 공학자들과 대중의 소통, 과학과 산업 사이의 협력 증진, 건강 및 질병, 기후 변화, 에너지 등과 연관된 과학 연구의 현황 및 이들과 연관된 사회적 이슈에서 과학자들의 참여 그리고 모든 사람을 위한 과학기술교육, 과학기술에 대한 대중의 참여 촉진 등이 있다.

컨퍼런스가 열리는 주말에는 지역의 대학교와 과학박물관, 과학자 단체와 각 급 학교가 공동으로 '가족 과학의 날' 행사를 개최한다. 이는 연례 컨퍼런스가 처음 기획된 이유 중 하나로, 과학자들만을 위한

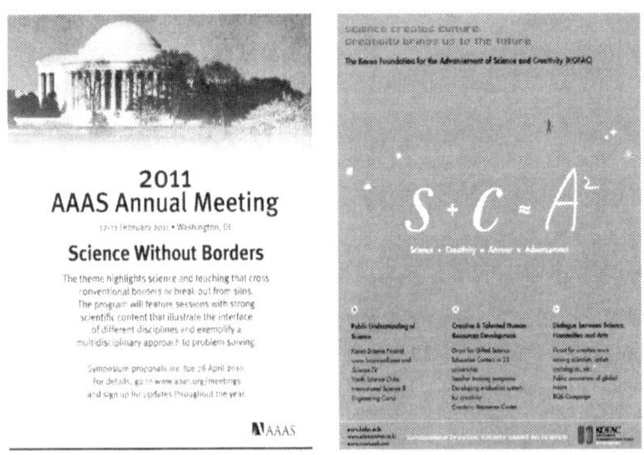

AAAS 연례 컨퍼런스 프로그램과 한국과학창의재단 홍보 페이지

것이 아닌 지역의 모든 사람들이 함께 즐기는 축제로서 과학을 보여주자는 것이다. 유명한 과학자들의 특강과 다채로운 과학 실험 및 전시가 함께하는 연례 컨퍼런스는 과학자와 지역민, 학생과 산업체가 함께 참여하고 어우러지는 그야말로 지역 축제의 장이다.

연례 컨퍼런스 첫날 저녁에는 미국과학진흥협회 회장이 기조 강연을 통해 행사의 주제를 설명한다. 2010년의 경우에는 피터 아그레 박사가 기조 강연을 통해 과학자로 성장한 개인적인 경험을 들려주면서 이제는 과학자가 과학 그 자체만을 고민하고 연구할 것이 아니라 사회 전체의 지속 가능한 발전을 도모하는 사회적 운동에도 함께 해야 한다고 역설했다. 2003년에 노벨화학상을 수상하기도 한 그는 특히 북한 과학자들의 인권에 대한 최근의 관심과 실천 사례를 소개하면서 가장 존경하는 과학자로 1954년 노벨화학상을 수상하고 원수폭 금지 운동을 주도하여 1962년에 노벨평화상을 다시 수상한 라이너스 폴링을 언급했다. 과학과 사회의 다리잇기에 걸맞게 과학자들이 사회적 책임에 더 많은 관심을 갖고 글로벌 지구 사회의 리더로 활동하길 강조한 것이다.

한 · 중 · 일 과학문화 심포지아 기획과 운영

2010년 미국 샌디에이고에서 개최된 제176차 미국과학진흥협회 연례 컨퍼런스에서는 역사상 처음으로 과학기술문화와 과학 커뮤니케이션을 주제로 제1차 한 · 중 · 일 과학문화 심포지아가 개최되었다. 각 기관은 한 · 중 · 일 과학문화 네트워크가 구축되기 훨씬 이전부터 심포지아 공동 추진을 위해 온라인상 논의를 추진했으며, ‘대중과 과학

을 소통하다: 동아시아에서의 문화 및 사회적 맥락에서'를 주제로 심포지아 기획안을 작성하고 이를 미국 과학진흥협회 사무국에 제출했다. 심포지아 기획안에는 주제와 주제에 대한 전반적인 설명 그리고 발표자, 토론자 및 좌장이 포함되어야 했다. 발표자들은 3개 기관의 기관장으로 확정되었으며, 좌장으로는 과학 커뮤니케이션 분야에서 세계적 권위를 갖는 코넬대학교의 브루스 르윈스타인 교수를 섭외했다. 두 사람의 토론자들로는 대중을 위한 과학문화와 과학교육 분야의 전문연구자인 스웨덴 예테보리 대학교의 일란 차바이 교수와 유럽연합위원회의 과학 홍보실장으로 활동하면서 과학 커뮤니케이션 실천가로 활동 중인 패트릭 비테-필립 박사를 초청했다.

한편, 미국과학진흥협회 사무국은 해마다 2~3월이 되면, 프로그램위원회에서 기획하는 심포지아 외에 별도의 심포지아 기획안을 전 세계를 대상으로 공모한다. 응모한 수백 개의 기획안들은 엄정한 심사과정을 거쳐 선정되는데 선정 기준은 연례 컨퍼런스의 전체 주제와의 적합성, 미국과학진흥협회의 권위와 전통에 걸맞은 높은 수준, 그리고 미국과학진흥협회의 혁신에 기여하는 정도 등이다. 한·중·일 과학문화 심포지아의 기획안이 채택되었다는 통보를 받은 6월 이후 3개 기관은 본격적인 준비에 나섰다. 심포지아의 목적은 우선 한국과 중국 그리고 일본에서 수행해 온 과학 커뮤니케이션 활동 현황과 노하우 등을 소개함으로써 과학 커뮤니케이션에서의 세계적인 연대 가능성을 살펴보는 것이었다.

제1차 한·중·일 과학문화 심포지아에서 좌장인 브루스 르윈스타인 교수는 170년의 역사에서 처음으로 소개되는 아시아 과학기술문화 활동에 자신을 비롯한 세계인들의 관심이 지대하다고 말했다. 한국 측에서는 정윤 이사장이 지난 40년 동안 한국과학문화재단을 중심으로 수행해왔던 청소년 및 일반인 대상의 과학기술문화사업의 경험을 소개했으며, 일본에서는 와타나베 박사가 만화를 활용한 일본의 과학 커뮤니케이션 사례를 사이언스 아고라와 함께 발표했다. 중국의 왕칭 박사는 1920년대부터 시작된 중국 과학기술문화의 역사를 소개하면서 특히 농민을 대상으로 하는 과학 대중화 사업에 대해 언급했다. 토론자로 참가한 일란 차바이 교수는 과학자가 사회와 별도로 존재하는 것이 아니라 과학자 역시 과학기술 대중화의 주된 대상이라는 아주 평범하면서도 중요한 사실을 지적했다. 즉, 그는 과학기술문화의 패러다임이 과학기술과 사회(STS)에서 사회 속의 과학(SiS)으로 옮겨갔음을 강조했다. 유럽연합의 패트릭 필립 박사는 IT의 급속한 발전을 언급하면서 인터넷 과학 저널리즘의 중요성을 강조했고 특별히 한국이 향후 모범 사례를 발굴해볼 것을 부탁했다.

'국경 없는 과학'을 주제로 열린 제177차 연례 컨퍼런스에서의 제2차 한 · 중 · 일 과학문화 심포지아는 전년도에 비해 형식과 내용이 훨씬 진보했다. 특히 한국과학창의재단은 세션의 주제 선정 및 기획안작성, 발표자 및 좌장과 토론자 섭외까지 심포지아 전체를 총괄했다.

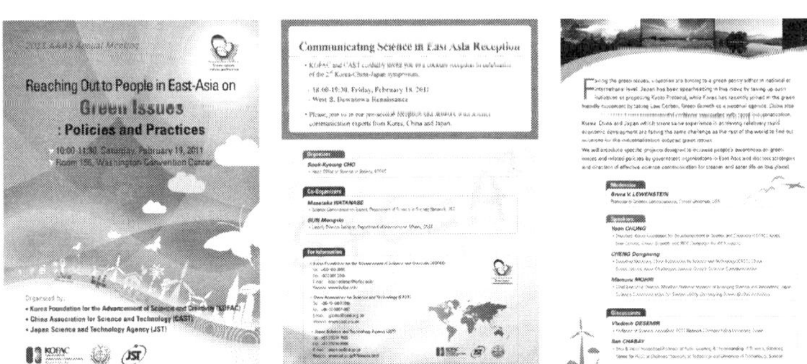

제 2차 한 · 중 · 일 과학문화 심포지아의 브로슈어

심포지아의 주제를 '그린 이슈로 대중에게 다가가기: 정책과 실천'으로 제안한 것은 저탄소 녹색성장이 한국 정부의 주된 국정 과제일 뿐만 아니라 한국과학창의재단이 2008년 확대 개편된 이래 새롭게 추진해 온 지구와 인류의 현안에 대한 대국민 이해사업과 유관하기 때문이었다.

2011년 2월 19일 제2차 심포지아에서 한국은 '한국에서의 저탄소 녹색성장과 RGB 캠페인'을 주제로 발표했다. 이명박 정부의 녹색정책의 전체적인 틀에서 시작하여 재단을 중심으로 수행해 온 기후 변화, 질병, 에너지, 물, 식량 등과 연관된 글로벌 이슈에 대한 대국민 이해사업인 RGB 캠페인의 성공 사례를 소개한 한국과학창의재단의 발표는 대단한 호응을 얻었다. 결국 글로벌한 지구적 이슈에 대한 해결은 지역의 실천과 행동으로부터 가능하다는 메시지가 크게 공감을 얻은 것이다. 이어서 중국과학기술협회의 부주석인 장동홍 박사는 '그린 이슈: 중국 과학 커뮤니케이션을 위한 새로운 도전'이라는 주제로 청소년 및 농민 그리고 대국민을 대상으로 한 그린 이슈 이해 사례를 소개했다. 일본에서는 일본 최초의 우주인이자 동경 미라이칸 관장인 모리 박사가 '우리는 언제, 어디에서, 어떻게 그린 이슈를 말해야 하나?'를 주제로 지속가능한 지구를 보존하기 위해 시도하고 있는 정신적 틀과 다양한 녹색 실천 계획을 소개했다.

토론자 중 한 사람인 일란 차바이 교수는 일반 대중들이 지구의 지속 가능성과 녹색 경제 등에 관하여 지식과 정보를 습득하는 일은 매우 중요하지만, 더욱 중요한 것은 그들로 하여금 행동할 수 있도록 하는 것이라고 강조했다. 과학기술문화 활동 혹은 과학 커뮤니케이션에서 중요한 과제는 지식과 배움으로부터 어떻게 인간 사회와 지구의 생명체를 유지하는 행동과 실천으로 나아갈 수 있는지에 관한 것이라는 것이다. 그런 이유로 한·중·일 심포지아에서 논의되는 내용이나 방식에서의 차이는 궁극적으로는 미래에 대해 생각하는 방식을 공유하는 일이며, 이런 점에서 매우 의미가 크다고 강조했다. 좌장을 맡았던 브루스 르윈스타인은 심포지아를 통해 공유한 두 가지 측면을 다시 언급했다. 하나는, 미국 대륙이나 유럽과 달리 동아시아에서는 과학기술문화와 과학 커뮤니케이션이 국가의 과학기술 목표 및 정책과 밀접하게 연관되어 있다는 점이다. 이는 과학이 자발적으로 탄생하고 과학자 혹은 과학 단체에 의해 자연스럽게 일반 대중과 문화 속으로 통합된 서구 사회와 아시아의 차이점을 반영한 결과이다.

다른 하나는 아시아에서의 과학기술문화는 학교, 박물관, 그리고 학교 밖의 모든 활동들과 연계된 통합형이라는 점이다. 이는 과학자 및 과학 단체, 학교가 각각의 부분과 역할을 담당하면서 자연스럽게 그 기능이 정착된 서구와 다르다. 한국과 중국 그리고 일본은 짧은 시간 정부 주도로 전체 사회가 참여하면서 과학기술문화 확산을 주도하였지만 아직 그 역할과 기능이 분리·정착되지는 않았다는 것이다. 마지막으로 그는 우리가 현재 직면한 문제들이 서로 연관되어있을 뿐만 아니라 매우 복잡한 문제라는 것을 '인식'하는 것이 훨씬 중요한 교훈이라고 결론지었다.

심포지아의 성과와 향후 과제

과학기술 대중화 혹은 과학기술문화는 과학기술이 탄생하고 발전해 온 영국, 프랑스, 독일, 미국 등의 선진국에서는 이미 200년 이상의 전통을 가졌다. 세계적 관광 명소로 자리매김한 영국의 런던과학박물관이나 미국의 스미소니언박물관은 이들 국가에서의 과학기술문화 현주소를 잘 보여주고 있다. 반면, 서양과학기술의 도입과 발전이 상대적으로 늦었던 아시아 국가에서는 과학기술이 국가 경제 성장과 밀접한 연관을 가지면서 주로 연구 개발에 집중되었고 과학 대중화를 위한 노력이나 성과는 상대적으로 미약했다. 한국의 경우에는 경제 성장이 궤도에 오른 1990년대 이후에야 과학 대중화 혹은 과학기술문화에 대한 관심이 급증하였는데, 이러한 배경에는 우수한 인재들의 이공계 기피 현상이라는 사회적 이슈가 작용했다.

2010년과 2011년 두 차례 개최된 한 · 중 · 일 과학문화 심포지아는 한국을 비롯한 중국과 일본에서의 과학기술 대중화 및 과학기술문화의 독특한 경험과 현황을 소개하는 자리로 소박하게 기획되었다. 그동안 한 · 중 · 일 세 나라가 함께 만나 서로의 경험을 공유한 자리가 없었기 때문에 만남 그 자체에 많은 무게를 두었던 것이다. 그러나 심포지아는 기대 그 이상으로 여러 가지 측면에서 많은 성과와 가능성들을 보여주었다. 특히, 한국과학창의재단이 기획한 제2차 심포지아에서는 유럽연합이 국가 간 네트워크를 구축하여 과학기술 연구 개발 및 과학기술문화에서 큰 성과를 거두고 있는 것처럼, 한국과 중국 그리고 일본이 아시아의 중심이 되어 세계의 과학기술문화 증진을 위해 기여할 수 있다는 가능성까지 보여 주었다.

역사상 처음으로 기획 개최된 한 · 중 · 일 과학문화 심포지아는 과학기술 분야 국제 협력에서 매우 새롭고도 의미 있는 시도였다. 심포지아를 계기로 주로 과학기술 연구 개발과 과학기술 인력 교류에 집중되었던 국제협력은 과학기술문화와 과학 커뮤니케이션 분야로 확대되었다. 또한 서로 유사하면서도 복잡한 역사와 경험 때문에 한 · 중, 한 · 일 혹은 중 · 일 양자간에 주로 이루어지던 협력이 한 · 중 · 일 3

자가 참여하는 다자간의 협력으로 확대되었다. 그뿐만 아니라 한·중·일 과기장관회의에서 공식적으로 결성된 한·중·일 SC 네트워크가 형식적인 MOU에 그치지 않고 실제적으로 작동했으며, 심포지아는 그 결과물이었다.

두 번째로 한·중·일 심포지아는 내용과 형식면에서 진보하고 있다는 특징을 갖는다. 제1차 심포지아는 한·중·일이 그동안 수행해 온 우수 과학기술문화의 경험을 소개하고 또 공유하면서 이를 미국 및 유럽의 활동들과 대비하여 살펴보는 것이었다. 하지만 제2차 심포지아는 한·중·일 뿐만 아니라 전 세계가 고민하는 주제인 그린 이슈의 대중화에 초점을 맞춤으로써 세 나라의 공통점과 차이점을 파악함과 동시에 이를 토대로 유럽 및 미국과의 협력 가능성까지 모색했다. 나아가 제2차 심포지아 후속 작업으로 개최된 한·중·일 라운드 테이블은 한국과학창의재단과 중국과학기술협회 그리고 일본과학기술진흥기구의 기관 종사자들과 유관 연구자들이 심포지아의 내용을 널리 공유할 수 있는 기회가 되기도 했다.

세 번째로 심포지아는 한·중·일 각 기관의 해외 인지도를 높이는 데 기여하였다. 매 심포지아에는 미국, 캐나다, 유럽, 남미에서 온 약 100여 명의 청중이 참석하여 대성황을 이루었다. 이는 지리적으로는 멀리 떨어져 있지만 자신들과 동일한 과제로 고민하고 있는 동아시아 지역의 과학기술 문화활동에 대한 지대한 관심의 표현이었다. 그뿐만 아니라 심포지아가 개최되는 기간에는 사전에 배포된 프로그램 북이나 온라인을 통해 수만 명의 과학자, 정책 입안자, 과학기술문화 종사자, 과학 교육자, 과학 관련 기관 종사자 및 과학출판과 언론계에 세 기관이 널리 소개되었다. 특히 한국과학창의재단은 별도의 홍보 부스를 마련하여 그 인지도를 더욱 높였다.

네 번째로 한·중·일 과학문화 심포지아는 경제적 측면에서도 국제 협력 사업의 새로운 면모를 보여주었다. 일반적으로 해외 저명한 학자 및 기관장 5~6인을 초청하여 국제 컨퍼런스를 기획하여 추진하는 데에는 최소 1억 원 이상의 비용이 소요된다. 하지만 미국에서 개최된 한·중·일 과학문화 심포지아의 경우에는 주최 기관들이 별도로 비용을 지불할 필요가 없다. 일단 선정된 기획안에 대해서는 미국과학진흥협회 사무국이 심포지아 개최에 소요되는 부대 비용을 지원해줄 뿐만 아니라 발표자, 좌장 혹은 토론자들을 공식적으로 접촉하여 초청하기 때문이다. 또한 발표자, 좌장 그리고 토론자들이 스스로 항공비 및 체제 비용을 충당하면서 심포지아에 참석하는 이유는 미국과학진흥협회의 연례 컨퍼런스에 초청받는 것 자체가 자신들이 속한 과학 분야 커뮤니티에서 매우 귀하고 영예로운 일이기 때문이다. 이것은 바로 지난 180년의 역사를 통해 미국과학진흥협회가 다져온 전통과 권위에서 비롯된다.

한·중·일 SC 네트워크는 아시아의 과학기술문화 활동을 국제적으로 알리겠다는 그 첫 번째 목표에는 일단 성공적으로 도달했다. 이

한 · 중 · 일 과학문화 심포지아 기획자들

제 그 두 번째 목표인 아시아 과학기술문화 지수의 공동 개발과 조사 등의 중요한 과제를 남겨두고 있다. 아시아 과학기술문화 지수 공동 개발은 비단 세 기관뿐만 아니라 한・중・일 세 나라의 전문가 및 학자들도 적극 참여해야만 가능한 일이며, 미국의 과학기술지수(Science & Technology Indicator)나 유럽의 유로바로미터(Eurobarometer)의 관계자들과의 긴밀한 협력 역시 필요하다. 어려우나 의미 있는 이 두 번째 목표가 달성된다면, 한・중・일 SC 네트워크가 아시아 전체를 포함하는 아시아 SC 네트워크로 확장될 수 있으며, 유럽 및 북미 대륙과 어깨를 견주며 세계의 과학기술문화 발전에 기여할 수 있을 것이다.

08

한국과학문화 40년

| 과학기술후원회에서 한국과학창의재단으로

과학기술후원회 설치와 과학 대중화 정책의 시작

우리나라의 과학 대중화 운동은 일제강점기인 1930년대에 김용관 선생의 주도로 추진되었지만 제도상으로는 과학기술후원회가 설치된 1967년부터 논의하는 것이 적절하다. 1960년대 우리 정부의 최대 관심사는 경제 발전이었으나 자본과 기반 시설이 열악했으며 기술 개발을 위한 연구 인력은 커녕 차관을 통해 들여온 기계를 운용할 인력도 없었다. 1966년에 한국과학기술연구소가 설립되었지만 연구 개발을 담당할 인력을 양성하기에는 여전히 역부족이었다. 이에 정부는 해외에 체재하는 과학자를 국내로 유치하는 사업을 전개했으며 경제기획원에 과학기술 행정제도와 과학기술교육 등을 담당하는 기술관리국을 신설하게 되었다.

1967년에 제정된 '과학기술진흥법'과 과학기술처 신설은 과학기술 연구 개발에 중요한 전환점이었다. 과학기술의 중요성에 대한 인식이 부족하거나 기술자를 무시하는 풍조에서는 우수한 과학기술자를 양성

할 수 없었고, 우수한 과학기술자가 부족한 여건에서는 공업화 추진 또한 어려웠다. 이에 정부는 국립서울과학관을 1,000여 평의 2층 건물로 확충하고 중・고등학교 교사들을 대상으로 라디오 조립 대회, 생물 표본 만들기, 과학 영화 상영, 그리고 전국과학전람회를 개최하게 되었다. 또한 비록 1~3단의 작은 기사이긴 했지만 주요 일간지를 통한 과학 보도에 중점을 두어 과학기술처의 동정과 업무를 소개하기 시작했다. 한국일보, 조선일보, 중앙일보에 이어 1967년에는 경향신문에, 1968년에는 서울신문에, 1969년에는 동아일보에 각각 과학부가 신설되었다.

1967년에는 과학기술대중화를 전담하는 과학기술후원회가 설립되었다. 초대 이사장 윤일선 박사는 '과학기술 진흥을 위해서는 먼저 과학자와 기술자를 우대하고 우리 생활 구석구석까지 과학기술이 스며드는 사회 풍토를 조성하는 게 시급하다'는 박정희 대통령의 편지를 들고 기업의 후원을 찾아 나섰다. 그가 직접 과학기술후원회 설립에 발벗고 나섰던 이유는 과학기술처 하나만으로는 과학기술에 우호적인

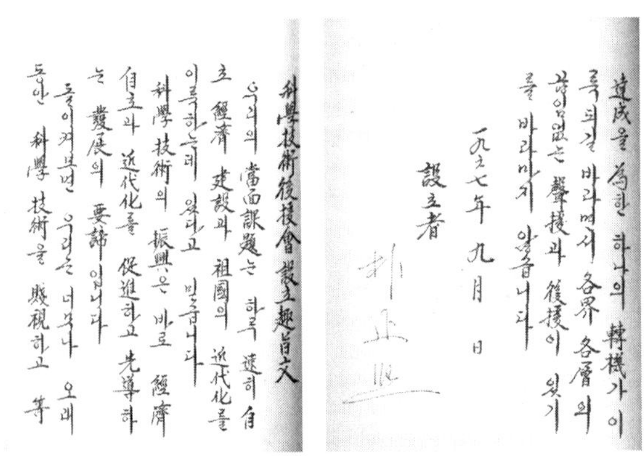
達成을 爲한 하나의 轉機가 이
룩되길 바라며서 各界 各層의
끊임없는 聲援과 後援이 있기
를 바라마지 않습니다
一九六七年 九月 日
設立者
朴正熙

科學技術後援會 設立趣旨文
우리의 當面課題는 하루 速히 自
主經濟 建設과 祖國의 近代化를
이룩하는데 있다고 믿습니다
科學技術의 振興은 바로 經濟
自立과 近代化를 促進하고 先導하
는 發展의 要諦입니다
돌이켜보면 우리는 너무나 오래
동안 科學 技術을 賤視하고 等

대통령이 직접 작성한 과학기술후원회 취지문

사회 분위기를 조성하기 어려웠기 때문이다.

다음은 당시 대통령이 직접 작성한 과학기술후원회 설립 취지문이다.

재단법인 과학기술후원회 설립 취지문

우리의 당면 과제는 하루 속히 자립 경제 건설과 조국의 근대화를 이룩하는 데 있다고 믿습니다. 과학기술의 진흥은 바로 경제 자립과 근대화를 촉진하고 선도하는 발전의 요청입니다. 돌이켜보면 우리는 너무나 오랫동안 과학기술을 천시하고 등한시하는 환경 속에서 살아왔습니다. 비록 한때 세계 최초의 금속활자를 만들어 우수한 과학기술의 진경을 보던 역사의 기록도 있읍니다만 비과학적인 인습과 사회 풍조가 그 지속적인 발전을 저해하고 말았던 것입니다.

말할 것도 없이 과학자와 기술자의 발명은 한 나라의 산업과 경제의 발전을 촉진, 또 치열한 국제 경쟁 속에서 민족의 역량을 과시할 수 있는 국력의 척도가 되고 있는 것입니다. 우리는 하루 속히 과학기술을 진흥시켜야 하겠습니다. 여기에는 무엇보다도 먼저 과학자와 기술자를 우대하고 우리 생활의 구석구석까지 과학기술이 스며드는 사회 풍토의 조성이 시급합니다.

… (중략) …

위대한 과학자, 뛰어난 기술자가 많으면 많을수록 그것은 곧 국가 발전의 동력이 될 뿐 아니라 민족의 자랑이 되고 긍지가 되고 희망이기도 합니다. 과학기술후원회를 설립하는 뜻이 여기에 있으며 이루써 훌륭한 과학자, 기술자를 거국적으로 기르고 이들을 받드는, 과학 하는 국민, 과학 하는 나라의 자세를 갖추고자 합니다.

아울러 과학기술 진흥에 온 생애를 바쳐 국가와 사회 발전에 현저한 공헌을 하여온 과학자, 기술자 또는 현재 연구 활동에 심혈을 기울이고 있는 과학자와 기술자들의 후생 복지를 도모하고 그들의 능력을 충분히 국가 발전과 과학기술 진흥에 기여할 수 있는 기회를 부흥코자 합니다. 본 재단 설립으로 이러한 목적 달성을 위한 하나의 전기가 이룩되길 바라면서 각계각층의 끊임

없는 성원과 후원이 있기를 바라마지 않습니다.

1967년 9월

재단법인 과학기술후원회 설립자 박정희

1968년에는 처음으로 과학의 날이 제정되어 공적이 뛰어난 과학기술인에게 상금이 주어졌다. 쇠고기 한 근이 150원도 되지 않았던 당시에 50만 원이라는 상금은 실로 엄청난 것이었다. 고액의 상금을 지급한 데에는 과학기술이 더 이상 사회적으로 천시 받는 분야가 아니며 과학기술인도 성공할 수 있음을 보여주고자 하는 목적이 있었다. 1969년 아폴로 11호가 달에 착륙하면서 우리나라 국민들도 과학기술에 대해 관심을 보이기 시작했다. 과학의 날을 계기로 과학기술후원회가 추진한 사업으로는 우수 과학 도서 출간 사업과 과학자 순회강연 사업, 과학 교사 세미나 사업 그리고 과학 영화 필름 라이브러리 사업 등이 있었다. 특히 과학 영화 필름 라이브러리 사업은 청소년들의 과학기술에 대한 흥미를 일으키는 것은 물론 교사들에게도 과학을 위한 시청각 자료를 제공함으로써 과학 교육의 미비점을 보완해주었다. 청소년들은 과학 필름을 통해 선진국의 과학기술문명을 접하면서 과학의 미래상, 과학의 발달사, 과학기술이 국가에 미치는 영향 등을 새롭게 인식할 수 있었다. 1972년에는 과학기술후원회가 확대·개편되면서 한국과학기술진흥재단으로 새로이 출범했다.

한국과학기술진흥재단과 전 국민 과학화 운동

1973년 1월 박정희 대통령은 과학기술 발전 및 과학 대중화 사업과 관련하여 전 국민의 과학화 운동을 주창했다. 합리, 능률, 창조를 전

국민의 과학화 운동의 기본 방향으로 설정하고 국민의 사고와 생활 습성을 과학화하며 과학기술을 존중하는 사회 분위기를 조성하여 일상생활에 과학 지식을 활용하는 것을 목표로 삼았다. 과학자와 기술자 그리고 기능인 등이 사회적으로 활동하기 위해서는 과학기술에 대한 국민의 이해와 지지가 밑받침되어야 하기 때문이다.

전 국민의 과학화 운동을 천명한 대통령 연두 기자회견 中

우리나라 공업은 이제 바야흐로 「중화학공업시대」에 들어갔습니다. 따라서 정부는 이제부터 「중화학공업 육성」의 시책에 중점을 두는 「중화학공업 정책」을 선언하는 바입니다. 또 하나는 오늘 이 자리에서 우리 국민들에게 내가 제창하고자 하는 것은 이제부터 우리 모두가 「전 국민의 과학화 운동」을 전개하자는 것입니다.

모든 사람들이 과학기술을 배우고, 익히고, 개발을 해야 되겠습니다. 그래야 우리 국력이 급속히 늘어날 수 있습니다. 과학기술의 발달 없이는 우리는 절대 선진 국가가 될 수 없습니다. 80년대에 가서 우리가 100억 달러 수출, 「중화학공업」의 육성 등의 목표를 달성하기 위해서는 범국민적인 과학기술의 개발에 총력을 집중해야 되겠습니다.

초등학교 아동에서부터 대학생, 사회 성인까지 남녀노소 할 것 없이 우리 모두 기술을 배워야 되겠습니다. 그래야만 국력이 빨리 신장하는 것입니다.

… (중략) …

이렇게 공장이 서고 여러 가지 산업 시설이 늘어나면 국민들 모두가 여기에 나와서 일을 할 수 있는 기회를 많이 갖게 될 것입니다. 그렇게 되면 국민들도 모두 기술이 있어야 되겠습니다. 직업 교육을 앞으로는 대폭적으로 강화해서 「전 국민의 과학화 운동」에 박차를 가해 나가야 하겠습니다.

한국과학기술진흥재단은 한편으로 과학적 생활 풍토 조성을 위한 과학 지식 보급 운동에 전념하였으며, 다른 한편으로는 정부가 직접 추진하는 전국 초·중등학교의 자연관찰원 설치, 초등학교의 과학 활동 강화 사업도 지원했다. 또한 한국과학기술단체총연합회가 전개하는 새마을 기술 봉사단 활동과 연계하여 농어촌 지역 주민들의 과학화 운동도 함께 진행해나갔다. 1973년 3월에는 건국 이래 처음으로 교육계가 한자리에 모인 '전 국민의 과학화를 위한 전국교육자대회'가 개최되었는데 여기에서는 전 국민에게 과학기술에 대한 관심을 불러일으킬 수 있는 방안과 과학 교육 개선책이 제시되었다. 기존의 과학영화 필름 라이브러리 사업이 확대되면서 과학 필름 도서관이 설치되었고, 해외 우량 과학 영화 50편이 번역되어 전국의 초·중·고등학교에 순환 대여되었다. 과학문고 보급 사업도 크게 확대되어 매년 발간되는 6,000여 부의 과학 문고가 각 급 학교에 조직된 과학 독서회를 통해 배포되었으며, 전업주부를 대상으로 한 '생활의 지혜' 시리즈 역시 각종 여성 단체를 통해 전국으로 보급되었다.

재단은 또한 신문, TV, 라디오 등의 매체를 적극 활용하여 과학기술 해설과 기능 지도, 생활의 과학화 현상 모집 등도 추진하였으며, 국립과학관에서 담당하던 과학기술 전시 활동도 지원했다. 또한 1970년대 중반부터 설립되기 시작한 지역의 학생과학관과 연계해 전시품 상호 교환 전시, 지방 순회 전시, 시·도 학생과학전 등도 추진했다. 학생과학관에서는 과학 영화 상영, 과학 공작 경연대회 등이 이루어졌으며, 이후 이곳은 지역의 종합 과학센터로 자리 잡았다. 국립과학관을 찾는 방문객도 크게 증가하여 1970년대 초반에 월평균 1만 명에 불과한 방문객이 1970년대 중반에는 2만 명을 훌쩍 넘어섰다. 과학 영화관을 찾는 초·중·고등학생들 역시 크게 늘어 월평균 8,000여 명에 이르렀다.

1980년대 1·2차 석유 파동 등 급변하는 세계 정세 속에서도 과학을 존중하고 기술을 숭상하는 풍토 조성은 계속되었다. 1980년대에는 과학고등학교와 한국과학기술대학교가 설립되었고, 재단에서는 우수한 이공계 인력을 양성하기 위해 과학버스운영사업(1981), 전국학생과학책읽기운동(1982), 전국청소년과학경진대회(1983), 과학상자공작경진대회(1984) 그리고 모형자동차경진대회(1984) 등 청소년 대상 사업을 펼쳐나갔다. 2000년대 초반까지 지속되었던 과학버스운영사업에는 모두 4대의 과학버스가 활용되었으며, 각 과학버스에는 컬러 TV와 VTR 장비, 천체 관측 망원경과 현미경, 과학 상자와 각종 실험 도구 및 300여 종의 시약이 구비되었다. 재단 직원들은 현지 학교의 교사들과 협력하여 현미경을 사용한 세포 관찰이나 천체망원경을 활용한 별자리 관측, 각종 실험 기구와 시약을 사용한 과학 실험 등을 직접 시연했고 과학 영화도 상영함으로써 벽지 지역의 청소년과 주민들에게 대단한 인기를 모았다. 학교 과학실이 제대로 구비되지 않았던 당시 상황에서 과학버스는 움직이는 과학 교실이 되어 청소년들에게 생생한 과학체험의 기회를 제공했던 것이다.

1990년대에는 사업의 대상이 청소년을 넘어 일반 국민으로 확대되었다. 이러한 전환의 배경에는 안면도 사태가 크게 작용했는데, 안면도 주민의 극렬한 반대로 정부의 원자력 발전소 방사성 폐기물 처리장 정책이 무산된 것이다. 이를 계기로 정부는 과학기술 정책이 힘을 얻기 위해서는 무엇보다 국민의 참여와 이해가 있어야 함을 인식하였고, 한국과학기술진흥재단을 과학기술국민이해사업 전담기관으로 지정하기에 이르렀다. 그 결과 '과학+예술전'과 전국가족과학경연대회가 처음으로 기획되었으며 과학과 문화 계간지, 과학기술계 소식 월간지가 발간되었고 과학기술자, 사회지도층, 과학교사, 과학언론인 등이 참여하는 심포지엄과 세미나가 개최되었다.

한국과학문화재단과 사이언스코리아 운동

한국과학문화재단 앰블럼

1996년 국민소득 1만 달러에 진입하면서 한국과학기술진흥재단은 한국과학문화재단으로 명칭을 바꾸었다. 정부가 직접 나서는 형태의 과학기술진흥보다는 국민의 과학기술에 대한 이해를 통해 과학을 문화로 정착시키자는 시대적 변화가 반영된 것이었다. 처음으로 상근 이사장이 임명되었고, 과학기술 대중매체 개발과 운영, 과학기술에 대한 일반인의 참여와 지지 유도, 과학기술과 사회문화의 교류를 주된 업무로 지정받았다. 같은 해에는 과학기술부(현 교육과학기술부)의 과학진흥과가 그 명칭을 과학기술문화과로 변경한 후, 1997년을 '과학 대중화 원년'으로 선포했다. 과학기술혁신 5개년계획에 과학기술 국민 이해가 부분적으로 포함되었으며, 2001년에 제정된 「과학기술기본법」에는 과학문화가 국가가 수립해야 하는 과학기술 기본계획의 10대 부문으로 포함되었다. 이로써 한국과학문화재단은 과학기술기본법 제30조에 근거하여 과학기술문화 창달을 주관하는 기관으로서의 설립 근거와 역할을 공고히 갖게 된 것이다.

과학기술기본법 제30조

제30조 (과학기술문화의 창달)

① 정부는 과학기술에 대한 국민의 이해와 지식 수준을 높이고 국민 생활 및 사회 전반에 과학기술이 널리 이용될 수 있도록 과학문화의 창달을 위한 시책을 세우고 추진하여야 한다.

④ 정부는 과학문화가 창달되는 체제를 구축하기 위하여 한국과학문화재단(이하 "재단"이라 한다)을 설립한다.

⑤ 재단은 다음 각 호의 사업을 수행한다.

1. 과학문화 창달을 위한 조사 연구 및 시책의 개발
2. 과학문화 창달을 위한 각종 사업의 추진 및 지원
3. 그 밖에 과학기술부 장관이 지정 또는 위탁하는 사업

⑥ 재단은 법인으로 한다.

1990년대 후반의 IMF 경제 위기는 이른바 이공계 기피라는 사회 현상을 야기했다. 이공계 대학교에 응시하는 고등학생의 비율이 1998년 42.5%에서 2001년 29.5%로 크게 줄었으며 이공계 출신 연구자들도 구조 조정이라는 엄청난 시련을 겪게 되었다. 서구의 선진국들이 선진국 대열에 오를 수 있었던 요인이 과학기술과 우수한 인력이었던 것처럼 우리나라가 불과 한 세대만에 한강의 기적을 이루고 비약적으로 발전할 수 있었던 것 역시 공업고등학교, 이공계 대학교, 이공계 석 · 박사 과정을 통해 필요한 고급 과학기술 인력을 적절히 양성했기 때문이었다. 그런데 지식 기반 사회로 도약하는 21세기의 문턱에서 적절한 이공계 인력을 확보하지 못할 뿐만 아니라 인력의 수준이 저하된다는 것은 심각한 사회 문제가 아닐 수 없었다. 이에 정부를 비롯하여 전체 사회가 그 해결책을 찾아 나서면서 이공계 기피 현상을 해소하기 위한 특별법이 제정되었고, 한국과학문화재단을 중심으로 대대적인 과학기술문화 확산 사업이 전개되었다.

먼저 재단은 국내 최대의 대한민국과학축전을 체험형 과학 교육의 장이자 연구 성과를 홍보하는 장으로 확대했다. 2001년부터는 초 · 중 · 고등학교 학생들에게 온라인과 오프라인을 통해 다양한 과학 탐구 활동을 제공하는 청소년과학탐구반사업을 새로 시작했으며 이공계 출신의 사회지도층 인사 및 과학기술인이 각 급 학교에서 과학강연을 하는 과학기술앰배서더사업(2001)도 선보였다. 또한 서울대, 연세대,

고려대, 포항공대, KAIST, 한양대에 청소년과학기술진흥센터를 설치하여 청소년에게 이공계 전공과 진로를 안내하였고 과학 포털사이트인 사이언스올닷컴(1999)을 통해 가상과학실험, 생활과학, 전통과학 등 30여 개의 특성화된 과학문화 콘텐츠를 새롭게 제공했다.

2004년에는 과학기술 발전을 통해 국민소득 2만 달러 시대를 앞당기기 위한 범사회적 운동으로 사이언스코리아 운동이 선포되었다. 사이언스코리아 운동은 1970년대 추진되었던 전 국민의 과학화 운동과 유사한 과학문화 확산 운동으로 국민들의 과학기술에 대한 이해와 지지를 높이고, 사회지도층의 과학기술에 대한 책임감을 제고함으로써 제2의 과학기술입국을 이루자는 취지에서 출발했다. 또한 산업계, 연구계, 학계 등이 사회적 지원 체재를 구축하여 청소년의 과학에 대한 흥미와 창의력을 제고하고 우수 청소년을 이공계로 진출하도록 촉진하며, 국민들이 '합리 · 효율 · 창의'의 과학 정신과 함께 생활할 수 있는 사회문화적 기반을 마련하는 것이기도 했다.

사이언스코리아 운동은 전 한국인의 과학적 소양 향상을 목표로 하는 운동으로 다른 국가에서 추진되고 있는 과학 운동과도 맥을 같이

과학문화재단이 수행한 사업의 포스터들

했다.

중국은 건국 100주년이 되는 2049년까지 18세 이상 모든 국민이 과학기술소양을 갖추는 것을 목표로 「2049 실행계획」(2000~2049)을 기획 · 추진 중이며, 미국은 핼리혜성이 돌아오는 2061년까지 전 미국인의 과학화를 위한 「프로젝트 2061」(1985~2061)을 추진하고 있다. 독일 역시 범사회적으로 과학과 인문사회 및 문화예술의 대화를 강조하는 「과학과 사회의 대화(Public understanding of Science & Humanities)」 프로그램을 추진하면서 과학의 해를 지정하여 범사회적 붐을 조성해오고 있다.

사이언스코리아 운동은 대상층을 세분하여 열 가지의 주요 사업을 선정하고 이를 전국적으로 추진해나갔다. 매년 과학기술의 특정 분야를 지정하여 과학기술의 해로 선포하고 국민의 관심, 이해, 인식을 높일 수 있는 과학기술 친화적 대중이벤트 활성화 사업, 전국 1만 개의 초 · 중 · 고등학교에 청소년과학탐구반을 조직하는 등 청소년들이 과학기술에 대한 꿈과 재능을 마음껏 키울 수 있도록 여건을 형성하는 청소년이공계진출촉진사업, 읍 · 면 · 동 단위에 생활과학교실을 설치하여 미취업 이공계 석 · 박사 인력을 활용하는 등 지역 균형 발전을 위한 지방과학기술문화 확산 사업, 사이언스올닷컴 등 네티즌을 주 대상으로 하는 과학사랑커뮤니티구축사업, 노블레스 오블리주의 일환으로 사회지도층의 과학기술마인드를 제고하는 사이언스포리더스사업, 대중매체에 쉽고 유익하고 재미있는 과학기술 정보와 소식, 프로그램 등 양질의 컨텐츠를 지속적으로 공급하는 과학콘텐츠개발 및 과학방송사업, 과학기술자와 인문사회학자, 문화예술가 등의 공동 포럼을 조성하여 두 문화를 극복하고 사회의 조화로운 발전을 추구하는 과학기술과 사회(STS) 프로그램 사업, 과학기술자가 사회의 중심에 서서 국민들의 존경을 받고 나아가 국가 발전을 선도하는 집단으로 자리매김하도록 돕는 과학기술자의 사회적책임제고사업, 과천과학관을 한국적이면서 세계적인 최고의 과학관으로 건립하고 EXPO 과학 공원을 과학에듀테인먼트의 공간으로 마련하는 과학교육공간조성사업 그리고 한국을 세계적 과학기술문화의 중심으로 부상시키기 위한 국제회의 유치 추진 및 남북한청소년과학캠프사업 등이다.

사이언스코리아 운동은 2004년 4월 21일 과학의 날에 대통령 권한대행이 참석한 자리에서 공식적으로 선포되었고, 이후 활발하게 전개되어 상당히 괄목할 만한 성과를 거두고 있다. 특히 2003년 영등포 지역에서 시범사업으로 추진한 생활과학교실은 유휴 공간과 유휴 인력을 활용하는 풀뿌리 과학기술문화 확산사업으로 시작하여 재단을 대표하는 사업 중 하나로 자리매김하고 있다. 결혼과 출산 등으로 경력이 단절된 이공계 유휴 인력을 활용하고, 읍 · 면 · 동의 유휴 공간을

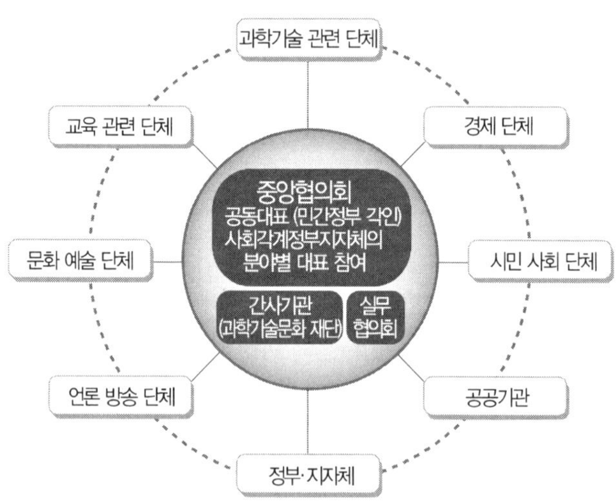

사이언스코리아 개념도

대통령 권한대행이 참석한 사이언스코리아 선포식

사용하는 생활과학교실은 전국 54개 지역에 711개나 개설되었다. 또한 1,000여 명의 과학기술자들이 과학기술 앰배서더로 활동하는 과학강연도 연 1,000회 이상 실시되고 있으며, 사이언스포리더스 프로그램은 국회의원들의 과학기술마인드를 제고하였고, 청소년들의 과학탐구활동을 지원하는 과학탐구반(YSC)도 2007년에는 1,000개에 달했다.

프로젝트	세부단위사업
과학기술친화적 과학 이벤트 활성화사업	• 한국인 우주인 탑승 추진 • 대한민국과학축전(8월)/X–MAS 과학콘서트(12월)
청소년 이공계진출 촉진사업	• 1만 과학탐구반 구성 • 1만 과학탐구반–1만연구소 연계 사업
청소년 이공계진출 촉진사업	• 1만 과학탐구반 구성 • 1만 과학탐구반–1만연구소 연계 사업
지방과학기술문화확산사업	• 지역별 '테마과학공원' 조성 • 읍면동 단위 생활교실운영
과학사랑커뮤니티구축사업	• 1000만 과학기술문화커뮤니티 사이넷 구성 • 100만 사이언스서포터스 결성
사이언스포리더스사업	• 사이언스 오블리쥬 프로그램 설치 • 각급 교육기관에 사이언스리더쉽 강의 설치

과학 컨텐츠 개발 및 방송사업	• 인쇄/영상/디지털 매체 개발 • 과학방송 설립 운영
과학기술과 사회(STS) 프로그램사업	• 대학의 STS 교육 강화 • 과학기술인과 사회문화예술인 포럼 운영
과학기술자사회적책임제고사업	• 사이언스포리더스 프로그램 운영 • 과학기술인 헌장 제정
국민과학교육공간조성사업	• 국립서울과학관 건립 • DMZ 과학기술문화랜드 건설 추진
국제회의유치사업	• 세계과학회의 유치/제9차 PCST 세계회의와 연계 • 남북청소년 과학 캠프 개최

사이언스코리아 운동으로 전개된 사업 중에서 방송과 신문 및 인터넷을 통한 과학컨텐츠개발사업과 과학방송사업은 가시성이 뛰어난 사업이었다. 특히, 중앙일보와 공동으로 추진한 국내 최초의 과학섹션발간사업은 사회 여론 형성층에게 과학의 중요성을 널리 알리고, 과학계를 사회 표면으로 부상시키는 역할을 담당했다. 재단과 중앙일보가 협약을 체결하여 2002년 7월부터 2004년 1월까지 진행되었던 이 사업은 매주 8면의 과학 섹션 중 2면을 기획 발간했다. 중앙일보 과학팀과 재단의 기획팀 그리고 외부 전문가들이 참여한 기획위원회는 매주 새로운 기사를 발굴하고 관련 과학자를 추천했다. 과학 섹션에서 다루어진 주제들로는 과학기술로 여는 10년 뒤 한국의 모습, 여성 과학자의 활용 확대, 차기 대통령에게 바라는 과학기술계의 목소리, 과학과 타 분야의 접목, 과학 커뮤니케이션 인력 양성 그리고 국민 삶의 질 향상에 기여하는 과학기술 등이 있다.

과학섹션발간사업은 크게 두 가지를 목표로 삼았다. 하나는 신문의 독자층인 부모와 교사 및 사회 전체에 과학기술의 중요성을 인지시킴으로써 궁극적으로 그들의 자녀와 주변의 청소년들을 이공계로 진출

중앙일보 〈과학과 미래〉 과학섹션

시키는 것이다. 또 하나는 과학기술계가 제 목소리를 낼 수 있는 공간을 마련함으로써 과학기술계를 격려하고 활성화시키는 것이다. 이 사업은 비록 상대적으로 짧은 기간 진행되었지만, 원래 의도했던 두 가지 목표는 상당 부분 달성한 것으로 평가된다. 예를 들면, 2002년에 다루어진 과학 커뮤니케이터 양성사업은 2004년 서강대학교에 단기과정인 과학문화아카데미와 과학 커뮤니케이션 석사과정으로 진행되었다. 또한 2003년 연말에 다루었던 차기 대통령에게 바라는 과학기술계의 주장도 실제로 반영되어 2004년 청와대에는 대한민국 역사상 최초로 대통령을 위한 정보과기보좌관 제도가 신설되었다. 흥미롭게도 1대 보좌관에는 당시 과학 섹션의 초대 기획위원회 위원으로 활동하던 과학자가 임명되었다.

또 다른 괄목할 만한 성과들로는 2006년 세계 최대의 과학문화 국제 행사인 제9차 PCST 국제컨퍼런스를 아시아 최초로 서울에서 개최했다는 것이다. 또한 2007년에는 오랜 준비기간을 거쳐 국내 최초의 과학 전문 채널인 사이언스 TV가 개국되어 국내에 과학 관련 콘텐츠가 방송을 통해 지속적으로 방영될 수 있게 되었다. 나아가 2008년에는 서울 근교의 과천시에 대한민국 최대의 국립과천과학관이 개관되어 인구 1,000만의 수도권 시민을 위한 과학문화의 장으로 출범했으며, 2008년에는 대한민국에서 최초로 첫 우주인이 배출되는 국민적 과학 이벤트가 열리기도 했다.

한국과학창의재단: 과학이 문화로, 창의가 희망으로

창조성과 상상력을 중시하는 시대적 요구에 부응하여 한국과학문화재단은 2008년 한국과학창의재단으로 새롭게 확대 · 개편되었다. 이러한 배경에는 과학기술부와 교육인적자원부의 통합이 있었는데, 부처의 통합은 정규 학교를 통해 학생들의 수학 · 과학 교육을 담당한 교육인적자원부의 기능과 학교 이외의 과학기술문화 활동을 통해 청소년의 과학 교육을 수행한 과학기술부의 기능을 하나로 모은 것

한국과학창의재단 출범식 및 주요 메시지

이다.

새로 출범한 재단의 사명은 과학과 교육의 융합을 통해 창의적인 미래 인재를 양성하고, 과학기술의 최첨단 지식과 정보를 제공함으로써 우리 사회의 합리성을 확대하는 것이다. 이를 위해 기존에 수행한 과학기술문화 창달사업을 더욱 고도화, 전문화하는 한편 초 · 중 · 고등학생들의 수학 · 과학 교육과정을 개편하고 교과서를 개발하며 교사들의 역량을 강화하는 일을 추진했다. 또한 과학기술계와 인문사회계 및 문화예술계의 다양한 주체들이 교류하고 소통하는 사업도 새로 마련했다. 재단의 변모된 기능과 이미지는 과학과 창의가 만나면 궁금한 것에 해답을 주고 우리의 삶을 진보시킨다는 의미의 $S+C=A^2$ 를 통해 국내 · 외에 햇살처럼 퍼져나갔다.

기존의 과학기술문화 사업은 다양한 계층의 참여를 독려하는 방향으로 전환되었다. 특히, 저소득층 등 소외 계층을 대상으로 대학생이

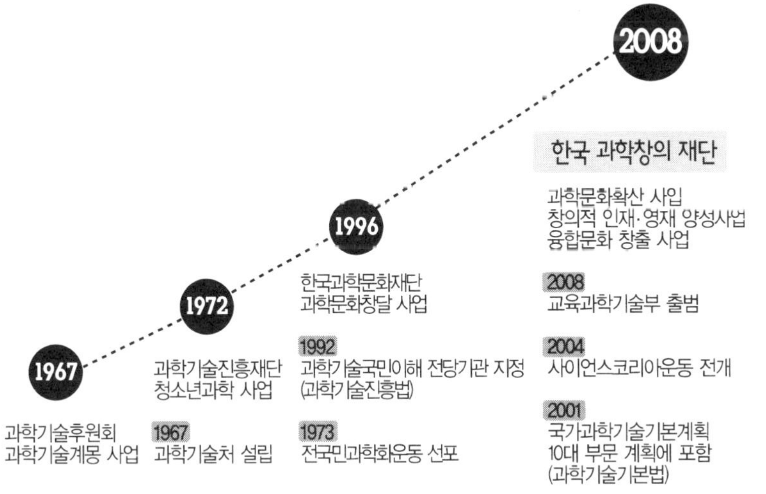

과학기술후원회에서 한국과학창의재단까지

참여하는 대학생과학봉사활동사업이 새로 기획되어 2008년 겨울방학에 시범 사업으로 운영되었다. 2009년부터는 매년 여름방학과 겨울방학 두 차례 실시되고 있는 이 사업은 전국에서 선정된 1,000여 명의 대학생이 농산어촌, 도서 벽지 등 소외 지역의 청소년을 만나는 과학교육 사업이다. 선발된 대학생 팀은 재단이 제공하는 공동 프로그램 이외에도 각자 개발한 프로그램을 활용하여 지역의 어린이들에게 과학 탐구, 실험, 토론 등 다양한 체험 중심의 과학 활동을 제공한다. 대학생 과활마당은 한국과학창의재단으로 변모된 이후 가장 대표적인 과학문화사업으로 자리잡으며 큰 호응과 성과를 얻고 있다.

재단이 새롭게 개척한 또 다른 영역은 과학기술과 타 분야의 융합 활동을 장려하고 촉진하는 융합문화사업이다. 특히 융합카페는 '와인과 과학', '과학 수사', '축구, 과학으로 말하다', '뇌 과학, 음악으로 듣다', '도서관, 과학으로 읽다' 등의 주제를 두고 다양한 분야의 전문가들이 만나서 토론하고 대화하면서 향후 협력자를 찾는 사업으로 40여 회를 성공적으로 개최했다.

여기서 나아가 재단은 기후 변화, 질병, 에너지, 물, 식량 등 지구와

과학 수사를 주제로 한 융합카페

글로벌 이슈를 다룬 다큐멘터리와 책

인류가 안고 있는 공통의 문제이자 관심사들을 RGB 캠페인으로 묶어 대국민이해사업도 전개했다. 인류가 직면한 과제를 과학기술연구개발과 국민들의 생활 속 실천을 통해 해결할 수 있음을 보여주는 사진을 공모하고 선정작을 전시하는 RGB 사진공모전, 지하철과 라디오, 공중파 TV, 국방일보, 사이언스올과 사이언스 타임즈를 통해 관련 정보와 지식을 제공하는 RGB 홍보 캠페인, 대학생들이 글로벌 이슈 관련한 심포지엄이나 이벤트, 학술행사, 토론회 등에 참여하여 지구를 구할 수 있는 아이디어를 제시하는 대학생 RGB 원정대 사업 등이 새로 추진되었다.

한국의 과학기술문화를 위한 제언

국가 과학기술 R&D 예산이 14조 원에 달하는 현 시점의 우리나라에서 과학기술은 중요한 경제 성장의 동인일 뿐 아니라 우리나라를 포함한 전 지구에서 발생하는 글로벌 문제의 해결을 담당하는 주요 열쇠다. 그러나 아이러니하게도 과학기술의 사회적 영향력이 확대되어 가는 것과는 반대로 과학기술에 대한 사회적 무관심 역시 커지고 있어 그 어느 때보다 과학기술과 사회의 간격 좁히기가 시급한 실정이다.

지금까지 살펴본 과학기술문화와 관련된 역사적인 과정과 사례 및 실천 경험은 결국 과학기술문화가 '과학을 위한 문화(culture for science)'인 동시에 '문화를 위한 과학(science for culture)'이어야 함을 말하고 있다. 또한 과학기술문화에서 중요한 것이 과학기술문화에 대한 이론적 혹은 학문적 연구뿐만 아니라 과학을 문화로 정착시키려는 실천적 행동인 것이다. 서구의 과학기술문화가 오랜 시간 과학자들 개인에 의해 이루어진 것과는 달리 아시아의 과학기술문화는 매우 짧은 시간에 국가 주도로 진행되었다. 서로 다른 과정에도 모두의 공통 목표는 과학기술을 통해 지속 가능한 미래 사회를 열어가는 것이다. 이를 위해 과학기술문화는 무엇을 해야 하는가?

여기에서 필립 모리슨의 과학기술문화와 스포츠문화의 유비가 의미 있다. 그는 과학기술문화가 스포츠문화에 비해 폭넓게 확산되지 못하는 이유를 대중의 참여(participation)와 경험(experience)의 관점에서 설명하고 있다. 스포츠와 비교하여 과학의 확산을 저해하는 요인들로 그는 아마추어로서의 경험 부재, 대상의 직접 인지 불가능성 그리고 영웅의 부재를 들고 있다. 스포츠 관중석의 일반인들은 실시간으로 이루어지는 스포츠를 관람하면서 소리도 지르고 특정 선수를 응원하면서 운동선수와 어떤 일체감을 맛볼 수 있으며 스스로 스포츠 활동을 통해 선수로서의 경험도 갖게 된다. 나아가 특정 스포츠 선수를 영웅으로 선망하면서 선수와 자신을 동일시하는 어떤 일체감까지 맛볼 수 있다. 그런데 과학에는 이 모든 것들이 없다는 것이다.

사실 현대과학의 지식이 생산되는 연구실이나 실험실 현장에서 일반 대중이 아마추어로 참여할 수 있는 기회는 거의 없다. 만약 기회가 있다고 하더라도 그것은 연구소 시설을 견학하거나 과학박물관에서 전시물을 관람하는 수준에 머무르고 있다. 또한 현대과학에서 다루는 소립자, 뇌, 유전자 등은 축구, 야구, 골프와는 다르게 과학적 측정 도구의 도움 없이는 직접적인 인지가 불가능하다. 스포츠는 경기가 끝나자마자 즉각적으로 점수 결과가 나오지만 과학자들의 오랜 연구는 즉각적인 결과도 나타나지 않을 뿐만 아니라 그 결과를 이해하는 것도 무척이나 어렵다. 즉, 과학에서는 아마추어로서의 경험을 가질 기회가 별로 없다. 바로 여기에 과학문화가 가야할 방향이 있다. 과학기술문화 확산에서 중요한 것은 참여와 경험의 기회를 보다 확대하는 것으로, 이를 위해 크게 다음과 같은 네 가지 방향을 제안하고자 한다.

■ '참여'하는 과학기술문화 패러다임으로 전환

유럽연합이 SiS로 패러다임을 전환한 근저에는 과학을 사회적 과정으로 이해하면서 시민과 사회가 과학기술정책에 적극 참여하게 하기 위한 목적이 있었다. 이는 과학기술에의 참여의 방식은 매우 다양할 수 있고 진정한 참여를 위해서는 무엇보다 이해 당사자들의 역량 강화가 중요하다는 인식에 근거한다. 우리나라의 과학기술문화정책은 크게 과학대중화사업(1970~80년대의 과학기술풍토조성사업, 1991~96년의 과학기술국민이해증진사업)과 1997년 이후의 과학기술문화사업(1997~2008년의 한국과학문화재단 주도사업)으로 나누어 볼 수 있다. 과학대중화 사업에서 과학기술문화 사업으로의 발전 과정에서 과학기술문화의 중요성에 대한 사회적 인식도 점차 확대되었으며, 과학기술문화 5개년 계획 수립 등 국가 차원의 체계적인 노력도 이루어졌다. 특히, 과학기술문화 활동의 대상과 범위 및 주체 그리고 예산이 크게 확대되었으며, 일방적이고 계몽적인 과학기술지식 보급에서 과학기술과 사회의 대화를 강조하는 방향으로 패러다임의 전환 또한 시도되었다.

하지만 현재 수행되는 우리나라의 과학기술문화 활동에는 여전히 공급자적 입장이 많이 반영되어 있다. 또한 과학기술에 대한 종합적인 시각을 제시하기보다는 과학기술이 갖는 긍정적인 메시지만을 전달하는 경향이 강하다. 과학자와 학생 및 시민사회가 과학기술 기획 및 정책에 참여할 수 있는 실제적인 장치나 기회도 아직 충분하지 않다. 적절한 과학 지식과 정보를 갖고 참여한다고 해도 참여 결과가 정책에 어떻게 활용되는지를 아는 것조차 그리 쉽지 않다. 물론 실시간으로 정보가 유통되는 온라인 시대에는 시민들의 잘못된 참여로 사회 전체가 엄청난 사회적 비용을 지불해야 하는 일이 종종 발생하기도 하지만 과학기술에의 시민의 참여는 보다 주체적이고 또한 풍부하게 이루어져야 한다. 이를 위해서 과학문화사업은 '참여'의 패러다임으로 대전환해야 할 것이다.

■ 과학자의 참여는 과학 커뮤니케이터가 아닌 과학 자문단으로

우리나라는 2005년 줄기세포 연구에 관한 논란 등을 비롯하여 방사성 폐기장 문제, 천성산 터널 개발 문제 등의 일련의 사회적 논쟁을 겪으면서 정확한 과학 정보 및 지식의 필요성과 중요성을 실감했다. 그러나 여전히 과학 관련 뉴스나 프로그램을 제작할 때 과학 정보를 제공하는 전문가 시스템은 체계적으로 갖추어지지 않고 있다. 그뿐만 아니라 학문별로 전문성을 존중하고 강조하는 사회문화가 아직 제대로 정착되지 않아서 때로는 전문가인 양 행동하는 사이비 전문가들이 전문가보다 많이 활용되는 경우도 있다. 최근 유럽연합에서는 과학기술 지식 및 정보에서의 정확성 확보를 위해 과학자가 과학 커뮤니케이터가 아닌 과학 자문단으로 나설 것을 강조하고 있다.

한동안 과학자들에게는 대중과의 소통이 일종의 책무처럼 부과되었지만, 이는 과학자들에게 큰 부담이었다. 과학자들이 과학 자문단으로 나서는 것은 자신의 전문성을 전체 사회를 위해 기부함으로써 사회 발전에 기여한다는 자부심을 느낄 수 있기 때문에 훨씬 더 긍정적이다. 따라서 우리나라에서도 과학자 커뮤니티에게 과학커뮤니케이터가 아닌 과학 자문단의 역할을 요청해야 할 것이다. 이를 위해서는 전문 연구자 통합 데이터망을 과학 관련 사회 이슈와 연관된 그룹으로 재분류해내어 과학 자문을 위한 데이터로 활용해야 한다. 그 후 과학 자문단과 미디어를 원활하게 연결해 줌으로써 과학정보가 자연스럽게 유통되고 자정되도록 해야 할 것이다.

■ 과학기술문화 주체들의 역할 재정립 및 수요자 니즈 파악

지난 40년 동안 우리나라의 과학기술문화는 정부 정책 자원에서, 학문적 입장에서 혹은 사업을 통한 실행을 통해서 상당히 향상되었다. 과학기술문화를 위한 예산과 인력노 확충되었으며 과천과학관 등 지방의 과학관과 같은 인프라도 많이 확보되었다. 또한 과학기술문화를 추진하는 주체도 매우 다양해져서 과학기술한림원, 공학한림원, 과학기술단체총연합회, 여성과학기술단체총연합회, 한국기술사협회 등 과학기술자 단체는 물론 지자체와 대학교 및 교육청, 각 급 학교와 교육유관시설, 그리고 민간 기업이나 NGO 단체 및 시민동호회 등도 활발히 활동하고 있다. 그러나 이들 간의 차별화는 아직 나타나지 않고 있으며 특히 대상별 수요자들의 니즈를 파악하거나 그 니즈를 만족시키려는 노력은 아직 미약하다. 지금까지가 과학에 대한 수요를 창출하는 단계였다면 이제부터는 수요자들의 적절한 니즈를 파악하고 그 니즈에 맞는 맞춤형 서비스를 제공해야 할 것이다.

이를 위해 과학 지식의 생산자가 많이 모여 있는 과학기술한림원이나 과총 등은 정확한 과학 정보 및 지식을 제공하는 과학 자문의 역할에 더 적절하다. 과학박물관에서는 수집·보관·전시된 콘텐츠를 활용하는 과학문화 활동에 더 집중해야 할 것이며, NGO 단체는 GO가 아닌 관점에서 과학문화에 접근해야 할 것이다. 한국과학문화의 총괄기구인 한국과학창의재단은 국가 차원의 과학기술문화사업의 방향을 기획하고, 조정하는 실제적 연구에도 노력을 더욱 기울여야 할 것이다.

■ 아시아 과학기술문화 네트워크 허브

유럽연합에서는 과학과 사회의 진정한 소통을 위해 회원국들의 상호 협력이 매우 자유로우면서도 조직적으로 이루어지고 있다. 유사한 역사적 배경과 동일한 문화권이라는 이점을 활용하여 상호 학습을 통해 발전을 도모하는 것이다. 그러나 한국, 일본, 중국을 포함하는 동아시아 국가들에서는 과학기술문화 활성화 및 확산을 도모하는 공동의 노력이 이제 막 시작되었다.

한국의 KOFAC과 일본의 JST, 중국의 CAST 간에 결성된 한·중·일 SC 네트워크는 아시아의 '유럽연합'을 위한 훌륭한 토대다. 특히, 한국은 중국이나 일본과 비교할 때 정부 차원에서 그리고 사회문화적 차원에서 과학기술문화사업과 활동에 훨씬 적극적이며, 아시아 최초로 세계 과학 커뮤니케이션 회의(PCST-9)를 개최한 경험을 갖고 있다.

또한 한・중・일 SC 네트워크 구축을 주도했으며, 네트워크가 실질적으로 작동하도록 선도적인 역할을 해왔다. 이는 향후 한국이 이미 아시아 지역의 과학기술문화를 선점할 수 있는 좋은 위치에 있음을 말해 주는 것이다. 이 좋은 위치에서 한국이 실제로 동아시아뿐만 아니라 아시아・태평양 지역의 과학기술문화 허브로서의 역할과 기능을 수행해 나가기 위해서는 보다 전문성을 갖추는 것이 시급하다. 과학문화가 국가 미래를 견인하는 중요한 일인 만큼, 이를 담당할 풍부하고 경험 많은 인적 자원의 확보와 예산 그리고 지속적인 연구와 사업 수행을 위한 안정적인 여건이 마련되어야 할 것이다.

2012년 5월 우리나라 여수에서는 엑스포가 열리고 있다. 국가 규모 행사로의 대중의 참여와 '살아 있는 바다, 숨 쉬는 연안'을 주제로 한 여수 엑스포는 지난 1992년에 '전통기술과 현대과학의 조화'를 주제로 개최된 대전 엑스포에 이어 우리나라에서 두 번째로 열린 엑스포이다. 세계 최초의 엑스포는 1장에서 살펴본 것처럼 1851년 영국 런던의 하이드파크에서 개최되었다. 최첨단과학기술과 산업을 선보임으로써 전 세계인을 위한 축제의 장을 연 런던 엑스포는 크리스탈 팰리스라는 유리와 철근만으로 지어진 상징적 건물을 최초로 선보였고 파리의 에펠탑과 싱어 재봉틀, 텔레비전 또한 역대 엑스포들의 산물이다. 대전 엑스포가 자기부상열차와 태양열자동차라는 최첨단 기술을 소개했듯이 여수 엑스포는 지름 35m의 원형 입체 구조물인 '디오(The O)'를 통해 세계 최초로 홀로그램 영상을 구현한 리빙 스크린 기술을 선보인다.

엑스포는 인류가 발전시켜 온 과학기술과 혁신의 산물을 문화와 산업으로 선보이는 행사로 개최 국가의 국력을 과시하거나 경제 발전을 꾀하는 국민적 결집은 물론 자긍심을 고양하는 장이다. 런던 엑스포는 런던과학박물관의 근간을 마련하고 영국 과학의 위상을 드높였으며 오사카 엑스포는 일본의 빠른 경제 성장을 과시하며 일본이 선진국 대열에 합류했음을 보여주었다. 대전 엑스포는 전 국민적 이벤트로서 대전을 세계에 알리고 대전을 과학 도시로 탈바꿈시켰으며 2010년 개최된 상하이 엑스포는 39개의 도로와 9개의 지하철 노선 신설 등 재개발 및 인프라 확충의 계기가 되었다. 해양을 주제로 한 여수 엑스포 역시 우리나라가 진정한 해양 선진국으로 도약하기 위한 발판을 마련할 것이라 기대되며 이를 위해서는 무엇보다 국민들의 참여와 지지가 필요하다. 160년 전 런던 엑스포가 개최되었을 당시 잉글랜드 인구의 30%가 박람회장을 찾았고 작년에 실시된 중국인들의 과학기술에 대한 이해도 조사에서는 중국인 27% 이상이 새로 지어진 과학박물관을 방문했다고 응답했다.

과학은 대중들의 참여가 있을 때 문화로 살아 숨 쉴 수 있다. 유럽연합은 과학과 사회의 소통, 즉 과학문화가 더 좋은 일자리를 창출하고(Better Jobs), 사회적 통합을 확대하며(Greater Social Cohesion), 지속가능한 경제성장(Sustainable Economic Growth)을 위한 것이라고 선언했다. 오늘의 대한민국에 살고 있는 우리가 과학문화를 고민하는 이유도 바로 여기에 있다.

참고문헌

김동광 역(2003), 『과학과 대중이 만날 때』, 궁리

김명진(2001), 『대중과 과학기술』, 잉걸

김영식(2001), 『과학혁명: 전통적 관점과 새로운 관점』, 아르케

김영식, 임경순(1999), 『과학사신론』, 다산출판사

김영식, 정원(2003), 『한국의 과학문화 : 그 현재와 미래』, 생각의 나무

김학수 외 (2000), 『과학문화의 이해: 커뮤니케이션 관점』, 일진사

과학기술부(2003), 「참여정부의 과학기술기본계획」, 과학기술부

_____.(2003), 「제1차 과학문화창달 5개년계획」, 과학기술부

_____.(2007), 「과학기술 40년사」, 과학기술부

_____.(2007), 「제2차 과학문화창달 5개년계획」, 과학기술부

박지향(1997), 『영국사, 보수와 개혁의 드라마』, 까치

송성수(2003), 「한국 과학기술문화 활동의 진화와 과제」, 과학기술정책연구원

송성수 역(1999) 『과학기술은 사회적으로 어떻게 구성되는가』, 새물결

조숙경(2001), 「1876년 과학기구 특별 대여전시회: 런던 과학박물관의 출발과 물리과학의 대중화」, 서울대학교 이학박사 학위 논문

_____.(2001), "영국학교과학교육의 개척자 T. H. Huxley – 생애와 활동을 중심으로", 한국과학교육학회시

_____.(2002), "Practical Work in British School Science during the Second half of the 19th Century", 한국과학교육학회지

_____.(2003), "과학기술문화의 의미와 과제", STEPI 과학기술정책지

_____.(2003), "이제는 과학문화센터", 월간 「과학과 기술」

_____.(2003), "PCST 유치기", 주간 「과학문화」

_____.(2003), "과학기술성과확산, 지금이 적기다", 월간 「과학과 기술」

_____.(2004), "우리에게도 X-클럽이 필요하다", 월간 「과학과 기술」

_____.(2004), "국가차원의 과학문화지수 필요하다", 월간 「과학과 기술」

_____.(2004), “여성과 함께하는 사이언스 코리아”, 한국여성과학기술단체총연합회 1주년 심포지엄
_____.(2005), “과학을 진흥시키자, 사회에 봉사하자”, 월간 「과학과 기술」
_____.(2005), “과학관: 지식기반사회 여가와 혁신의 공간”, 「물리학과 첨단기술」
_____.(2006), “제9차 세계과학커뮤니케이션 회의를 되돌아보며” 상, 「사이언스타임즈」
_____.(2006), “제9차 세계과학커뮤니케이션 회의를 되돌아보며” 하, 「사이언스타임즈」
_____.(2007), “유럽연합의 ‘사회속의 과학’ 주요 사업 분석을 통한 국가 과학문화정책의 시사점 도출방안연구”, 과학기술정책연구원
_____.(2007), “과학커뮤니케이션: 과학문화의 실행(Practice)”, 한국과학기술학연구
_____.(2007), “세계의 과학문화 시리즈 1~7”, 「여성신문」
_____.(2009), “서구에서 과학관의 역사와 현황”, 국립과천과학관 1주년 기념행사
_____.(2010), “세계인의 관심 속에 빛난 한국의 과학문화”, 「사이언스타임즈」
_____.(2010), “한중일 과학문화 네트워크의 성과와 과제”, 월간 「과학문화」
_____.(2011), “AAAS 연례회의 한・중・일 과학문화 심포지아의 성과와 과제”, STEPI 과학기술 정책지
조숙경 역(1999), 『2500년간 과학사를 움직인 인물들』, 창작과 비평사
한국과학문화재단(2002), 「제1회 과학문화학술회의」 자료집, 한국과학문화재단
_____.(2002), 「한국과학문화재단 중장기 발전계획」, 한국과학문화재단
_____.(2002), 「2002 과학기술국민이해도조사」, 한국과학문화재단
_____.(2004), 「2004 과학기술국민이해도조사」, 한국과학문화재단
_____.(2006), 「2006 과학기술국민이해도조사」, 한국과학문화재단
_____.(2006), 「제9차 세계 과학커뮤니케이션 국제회의(PCST-9) 개최 결과 및 의의」, 한국과학문화재단
_____.(2008), 「한국과학문화재단 40년사」, 한국과학문화재단
한국과학창의재단(2008), 「2008 과학기술국민이해도조사」, 한국과학문화재단
_____.(2010), 「2010 과학기술국민이해도조사」, 한국과학문화재단

_____.(2010),「제2회 미래연구컨퍼런스」 자료집, 한국과학문화재단

AAAS(2009), *Our Planet and Its Life Programme Book, AAAS*

_____.(2010), *Bridging Science and Society* Programme Book, AAAS

_____.(2011), *Science Without Borders* Programme Book, AAAS

Alan Irwin & Brian Wynne(1996), *Misunderstanding Science?,* Cambridge University Press.

Bernard Schiele & Emlyn H. Koster(ed., 2000), *Science Centers for this Century,* Multimodes.

Jane Gregory & Steve Miller(1998), *Science in Public*, Perseus Publishing.

Jinwoong Song etc.(2011), "How to compare the social foundations of science culture: a trial with five cities in Korea", *Public Understanding of Science*

Jonn Durant(ed., 1992), *Museums and the Public Understanding of Science*, Science Museum in Association with the Committee on the Public Understanding of Science

Sook-kyoung Cho(2002), "Science Museums and centers: Informal Science Education in Korea", *Japan Society for Science education*

.(2003), "Science Culture Center : Its History, Concepts & Functions", *Proceeding of the JSPS-KOSEF Joint Seminar*

_____.(2004), "John Tyndall, who brought Physics and the Public Together", *Teaching and Learning of Physics in Cultural Context*

_____.(2010), "Science Communication and Informal Science Education in Korea", *Asia Science Educators Academy, KOFAC*

_____.(2012), "An Experience of Science Communication in Korea: The Space-Sharing project with Mass Media", *Science Communication on the World, Springers*

Sook-kyoung Cho etc.(2011), "How to compare the social foundations of science culture: a trial with five cities in Korea", *Public understanding of Science*

Stella V. F. Butler(1992), *Science and Technology Museums*, Leicester University Press

UNESCO-Korea(2009), *A Decade of Dynamic Development in Science and Technology in the Republic of Korea, 2000-2009,* UNESCO Korean Office

Y. Chung(2010). "The Development of S&T and Science Communication in Korea", 2010 AAAS Annual Conference

Young. W. Choi(2004), "Science Communication in Korea", the 8th PCST Conference

참고 사이트

http://ec.europa.eu/research/science-society

http://www.kofac.re.kr

http://www.jst.go.jp

http://www.cast.org.cn

http://www.scienceagora.org

http://online.sagepub.com

http://www.upf.edu/pcstacademy

http://www.ucl.ac.uk/sts/sts-publication-news

http://www.aaas.org/meetings

http://www.britishscienceassociation.org

http://www.mosi.org.uk

http://www.wfs.org

http://www.upf.edu/pcstcademy

http://www.pcst2012.org

찾아보기

ㄱ

ㄴ

ㄷ

ㅈ

ㅊ

ㅋ

ㅌ

ㅍ

ㅎ

기타

과학기술문화: 소통의 역사와 실천

런던에서 서울까지

지은이 • 조숙경

펴낸이 • 조승식

펴낸곳 • (주) 도서출판 북스힐

등록 • 제22-457호

주소 • 142-877 서울시 강북구 수유2동 240-225

www.bookshill.com

E-mail • bookswin@unitel.co.kr

전화 • 02-994-0071

팩스 • 02-994-0073

2012년 6월 25일 1판 1쇄 발행

2013년 7월 15일 1판 2쇄 발행

값 12,000원

ISBN : 978-89-5526-859-1

* 잘못된 책은 구입하신 서점에서 바꿔드립니다.